JN138030

僕の好きな車

横山剣

CONTENTS

まえがき

あ、どうも。東洋一のサウンドマシーン、クレイジーケンバンドの横山剣です。

僕らのレパートリーには、車について歌った曲がたくさんあります。「ベレット１６００ＧＴ」「BRAND NEW HONDA」「LADY MUSTANG」「MIDNIGHT BLACK CADILLAC」など、タイトルに固有名詞を掲げたものはもちろん、歌詞に車が登場するものまで含めたらとても数えきれない。

無類の車好きであることを買ってもらい、全面リニューアルを果たした『ＰＯＰＥＹＥ』誌上で「僕の好きな車」という連載が始まったのは、２０１２年の春。

その後、6年にわたり、さまざまな車について語ってきました。我ながら、よくもそんなにたくさん話す内容があったものだと驚いています。

5歳の時、本牧で目撃したムスタングから体に電流が走るような衝撃を受けて以来、僕はずーっと、自動車に夢中になりっぱなしの人生を送ってきました。

子どもの頃は、横浜や青山を歩き回ってかっこいい外車の写真を撮影したり、アイドルの追っかけみたいにカーレーサーが出没しそうな場所で張り込んだりしたし、待望の免許を取ってからは、いろいろと車を買い替え、時には草レースにも出場しています。

僕の車の好みは、傍から見ると支離滅裂（笑）。アメ車だろうとヨーロッパ車だろうと日本車だろうと、最新型だろうと旧車だろうと構わない。共通するのは、まずは形ありきということ。その車のフォルムに、フェチとしての自分がどんな色気を感じ取るか、それが大事なんです。

車の印象は、それを見たシチュエーションにも左右されますね。カリフォルニアで目にしたメルセデスやモナコで目にしたムスタングには、何とも言えない、グッとくる越境感のオーラがありました。

さまざまな映画に登場する車の姿にも心惹かれました。実在のレースを描いた『グラン・プリ』や『栄光のル・マン』は何度も繰り返し観ているし、僕に言わせれば、『卒業』はアルファロメオの、『男と女』はムスタングのプロモーションフィルムにしか思えない（笑）。

だから、普通のカーマニアと違って、肝心のスペックにはあまりこだわりがない。使い勝手のよさすら無視して車を買っちゃうから、後になって後悔することも多いんですけどね（笑）。

そういえば一度、『間違いだらけのクルマ選び』で知られる徳大寺有恒さんと対談したことがあるんです。その時、徳大寺さんから「僕の後を継いでください」と言われたんですが、僕のクルマ選びは冗談抜きで間違いだらけ。徳大寺ならぬ徳小寺とでも名乗ろうかな（笑）。

ということで、僕が愛する71台への思いを、どうぞ寛大に受け止めてください。イイネ！　イイネ！　イイネ！

横山剣

01

FORD MUSTANG GT '65

-1965-

5歳のとき、本牧を走る姿を見て
“顔力”にシビれた。

剣さんが最初に“車種”として認識した'65年製マスタングGT。「余計なものがない、空白だらけのデザインがイイネ！」。当時、父親が乗っていたのはプリンス・グロリアとのこと。

生まれて初めて車に目覚めたのは、5歳のこと。横浜の本牧で、アメリカ人が乗っていたアイボリーのムスタングを見て、体に電流が走りました。もう、見た瞬間にその顔つきからパワーを感じた。フロントもリアも、とにかくデザインに込められた魂が強い。小学生のとき、昼間にテレビで放送されていたフランス映画『男と女』を観たら、そこにもムスタングが登場したんです。ドーヴィルやモナコの絶景をバックに颯爽と走りまくる様子に、またシビれました。そのだいぶ後、20歳を過ぎてから、セルジュ・ゲンスブールが「フォード・ムスタング」という曲を歌っていることを知る。つまりこの車は、〝アメリカかぶれのフランス〟というカルチャーのアイコンなんですよね。

初めて乗ったムスタングは、僕も在籍したバンド、クールスのリーダー・佐藤秀光さんの愛車。まさに、本牧で見たのと同じ1965年型でした。当時のムスタングはフルチョイスというシステムを採用していて、マニュアルかオートマチックかを選べるだけでなく、車内のインテリアもたくさんのオプションを組み合わせることができた。つまり、自分仕様のムスタングを作ることが可能なんです。秀光さんの車の内装も、カフェの壁紙っぽいフェイクの木目があしらわれていてグッときましたね。

ずっと憧れていたムスタングを自ら手に入れたのは、'89年頃。だけど、その車は残念ながらひどく調子が悪かったから、これは外れだと、すぐクレームを入れて返しちゃった。ものの1か月も乗らなかったかな。

2002年になって、ようやく運命の'65年型ムスタングと巡り合います。僕の知り合いがやってる愛知県は蒲郡の『楽家商会』という旧車専門店から入手しました。ただし、色は5歳での衝撃の出合い以来ずっと憧れ続けてきたアイボリーじゃなくて赤。しょうがないけど我慢しようかと思ったちょうどそのとき、僕の両親が鎌倉で経営していたリサイクルショップ『シンデレラ・リバティ』に、ブラジル人シンガーソングライター、マルコス・ヴァーリのアルバム『ムスタンギ・コール・ヂ・サンギ』が置いてあるのを発見した。タイトルは、「血の色のムスタング」という意味で、ジャケットにも赤いムスタングが写っている。これを見て、赤もいいなと思い直しました。

この車を買った直後、永福町のスタジオに向かって第三京浜を走行していたとき、「GT」という曲が生まれたんです。頭の中に浮かんだ歌を車内でカセットテレコに録音、その足で入ったスタジオですぐにデモテープを作りました。歌詞に出てくる〝血の色のGT〟は、実はこのムスタングのことなんですよ。「GT」のビデオクリップにも、この車は登場しています。

その後、'05年には白に塗り替え、そして'09年には、自分が初めて見たムスタングの記憶に最も近いアイボリーにお色直ししました。「ウィンブルドン・ホワイト」というデュポンの塗料です。そのときはかなり思い切ったカスタムを行い、エンジンもシャーシも載せ替えたから、ボディ以外は別の車になっちゃいましたけど。

改造後の姿は、シングル「ガールフレンド」のPVで見ることができます。あの撮影はムスタングの運命を変えました。というのも、共演したモデルのヨンアちゃんを担当したヘアメイクさんが、あの車の買い手になってくれたんです。最後まで、いろんなエピソードの詰まった車になりました。

02
PRINCE SKYLINE 2000GT
-1967-

6歳のとき、
「羊の皮を被った狼」に心が躍った。

スカイラインはプリンス自動車が生んだ名車。「白ベースの上に赤い色があって、タンチョウヅルのような“和”の美しさが漂う。JALの飛行機的なナショナルフラッグ感もあります」

プリンス・スカイライン2000GTを初めて見たのは、幼稚園のとき。本牧から日吉への引っ越しに伴って、その名も「プリンス幼稚園」というところに編入したんですが、そこで一緒になった君塚くんという友達のお父さんが、この車に乗っていました。

幼稚園の制服のまんま君塚くんの家に行って車を見たら、外見は4ドアのセダンタイプで、特に速そうな印象を与える形ではない。ところが、いざ運転席に座らせてもらった瞬間、計器類を見て大変な興奮を覚えました。そこはまるでコックピット。当時、この車が「羊の皮を被った狼」と呼ばれたことにも納得です。実をいうと、このキャッチフレーズはもともと、フォードの大衆車をイギリスでチューンナップしたロータス・コルチナという車に冠されていたものなんですよ。このコルチナもまた、おっさんくさい極端に地味なルックスのセダンなのに、中身はまるでモンスターで、レースやラリーに出れば大活躍する。僕は、そういったギャップを持つ車が昔から大好きでした。

スカイライン2000GTも、その地味な質感に秘めた狂気を隠しきれない。各パーツが、メッセージを暴発しているように思えます。特に、「2000GT」というエンブレムのデザインには興奮させられました。何かいわく言い難い記号性がある。高度成長を前に、これからはいいことしかないと予感し、すべてが上へ上へと向いていた時代の日本の息吹や勢いが、この車から伝わってくるんですよ。

カラーリングも素晴らしい。白いボディに赤い屋根という配色のモデルが普通に市販されていたのも、今考えれば驚きです。この赤には、東京オリンピックのデザインにも通ずる、インターナショナルな日本というニュアンスが込められていると思います。

このスカイライン２０００ＧＴは、１９６４年に鈴鹿で行われた第2回日本グランプリで、一周のみとはいえポルシェを抜いた。もちろん、'60年生まれの僕は後追いで知りましたが、そのときは力道山が外国人レスラーに勝利を収めて以来の大騒ぎだったらしいと聞きます。

生沢徹というレーサーはＴＶコマーシャルにも起用されていたし、ＶＡＮの洋服を着こなしてファッション誌にも登場していた。誰もがその存在を知る、まぎれもないスターだったんです。彼をはじめ、福澤幸雄、式場壮吉といったトップレーサーたちは毛並みもよく、一流の女優やタレントと浮名を流していた。あの頃は、レーサーという職業に特別のクラス感がありましたね。当時は、そのぐらい、日本中がモータースポーツに注目していた時代でした。何しろ、レースでの成績が、その車種の売り上げに直結していましたからね。

この車は、排気音もいいんですよ。僕はＧＴ感と呼んでいますが、独特のメロウな哀愁がある。音楽にたとえるなら、ジャズ。日野皓正がサントラを手がけた映画『白昼の襲撃』の世界を髣髴とさせますね。この排気音には、ミラーのグラサンが似合う、ヤバい雰囲気のジャズファンクが重なるんです。

プリンス自動車は、このスカイライン２０００ＧＴを発売した翌年の'66年、日産自動車に吸収合併されます。僕は、その後発表された'70年頃の日産スカイライン２０００ＧＴ、いわゆるハコスカの2ドアには乗っていたことがあるんですが、君塚くんの家にあったプリンスのスカＧには巡り合えていない。状態のいい中古があれば、すぐにでも入手したいと思っているんですが。

03

TOYOTA CELICA 1600GT

-1970-

10歳のとき、「恋はセリカで」のCMに
新時代到来を感じた。

スペイン語で「天上の」「神々しい」を意味するセリカ。「クラウン、センチュリーと、トヨタにはCで始まる車が多い。セリカは、僕が車のスペックに興味を持つきっかけになった一台です」

トヨタ・セリカに関しては、僕はそのデビューに立ち会っています。1970年だから、ちょうど大阪万博の年。僕は、小学4年生でした。

一目見た瞬間、ほんとに、これまでの価値観が全部ひっくり返るような衝撃を受けました。まるで宇宙船みたいにスペーシー。バンパーがボディと一体になっていたりと、デザインが画期的に素晴らしい。非常にアメリカンなテイストでありながら、ちゃんと「トヨタ顔」をしているので、アメ車には絶対ないエキゾ感がある。

広告もカッコよかった。音楽も映像も、トータリティとしてセンスがいいんですよね。キャッチフレーズは、「恋はセリカで」。そのCMにはファッショナブルな白人女性モデルが登場、そこに、「こんな車に乗る男って、食べてしまいたいくらい」というナレーションが重なる。何かソウルな感じで、子供心に、'70年代が始まったんだなと思ったことを覚えています。セリカには、GTを筆頭として、ST、LT、ETというグレードがありました。GT以外はエンジンやミッション、内装を自由に選べる日本初のフルチョイスシステムを採用。そんなところから和製ムスタングとの異名もあったわけだ。

実際に初めてセリカに乗ることができたのは、小学6年生のとき。その頃、トヨタ東京カローラのセールスマンだった僕の2人目の父親が、たまたまお客さんに納車するところだったセリカに乗せてくれたんです。当時はまだ、母親と再婚する前。「ママと結婚してもいい？」なんて僕に聞いてた頃ですね。その点、セリカはかなりいい餌になりましたよ。この人がお父さんになれば、こういう車にしょっちゅう乗れるんだと思いましたから。かなり説得力がありました（笑）。

その頃、セリカ1600GTは、モータースポーツの世界では常勝マシンの座に就いていました。実をいうと僕は、セリカが海外デビューを果たした'74年のマカオグランプリを親戚と一緒に見に行ってるんですよ。そこで、トヨタ・モータースポーツ・クラブ、略称TMSCに所属していたすごくハンサムなレーサー、舘信秀選手がセリカを駆って優勝したのを目撃しています。あの時代のTMSCには、高橋晴邦選手とか、見崎清志選手とか、甘いマスクのレーサーが揃っていました。

当時は、慶應ボーイがあの校章のステッカーを貼ったセリカの新車に乗っているのを見て憧れましたね。それから、米軍基地関係者が乗るYナンバーを付けたセリカも好きでした。お尻をキュッと上げて、ホットロッド風に乗るのもお洒落でね。ホイールにしても、クレーガーとか彼らはずいぶんセンスいいのをはいてましたね。北米ではセリカの人気が根強く、オーナーズクラブも存続しているらしい。確かに、日本よりもむしろLAあたりでこそ映えるデザインだと思います。

残念ながら、チャンスに恵まれず、セリカのオーナーになった経験はありません。もし今、1600GTを手に入れるなら、白がいいかな。ぜひシーサイドで乗ってみたいですね。サーフキャリア付けて、ボード載っけたらカッコいいなとか、いろんな妄想を繰り広げてきましたから。ただ、ボードを載せたセリカは今まで一台も見たことがない。ひょっとすると、形状的に不可能なのかもしれないですけど……。

KIKIとかKKUAというハワイの地元FMでカマサミ・コングみたいにDJを務めながら、セリカを乗り回す――そんなライフスタイルを夢想するのが愉快ですね。

04

AMC GREMLIN

-1971-

11歳のとき、「ブス車」に宿る
セクシーを知ってしまった。

今はなきアメリカの自動車メーカーであるAMCの珍車。「とにかくデザインがいい。特にバックショット！ なので、今回は後ろ姿も紹介。いつか“グレムリンCAFE”をやりたいね」

1971年の夏休み、小学5年生だった僕は初めての海外旅行に出発しました。一人目の父親と一緒に、サンフランシスコ、ロサンゼルス、ラスベガス、グランドキャニオンと駆け足で巡る11日間の旅程で、最後に訪れたのがハワイ。そのとき、ホノルルのカラカウア大通りで見かけた一台の車が僕の目を奪ったんです。

それが、AMCグレムリン。

その瞬間、自分の中のグッドデザイン賞に輝きましたね。'71年の自分アワード。何年かに一回、「出たー!」っていう感じで、印象的な車が僕の前に現れるんですが、この出会いは特に鮮烈だった。長旅の疲れもあってか、その映像は脳内でハレーションを起こした。

ストンと切り落とされたかのようにセクシーなリア、ヴィヴィッドなカラーリングをはじめとする'70年代ならではのぶっとんだデザインには、あの頃よく目にしたピーター・マックスのイラストみたいなサイケ感が共振していた。

子供の頃、「ホットウィール」というミニカーのシリーズを集めていたんですが、このシリーズには、本物の自動車としては存在しないオリジナルのミニカーが多数ラインナップされていた。グレムリンを見たとき、「ホットウィール」にしかありえないような車が本当に走っているんだと驚いたのを覚えています。

ディテールでいうと、ドアノブが画期的にお洒落なんです。飛行機のトイレのドアみたいな作りでしたからね。それから、窓の形状も宇宙的なライン取り。

で、当時、出始めたばかりのコダックのインスタントカメラで写真を撮りまくる。ところが、日本に帰って友達に興奮気味に写真を見せても、誰もが「うーん……」となるばかり。色よい反応は皆無だった。

実はこの車、一般の車好きからは、はっきり〝ダメ車〟という評価を受けていたんです。その色気、「セクシーブス」な感じこそ、僕にはグッときたんですけどね。AMC、アメリカン・モーターズ・コーポレーションという会社は、何だか個性的な車ばかりを生産している。それが祟ったのか、'87年にはクライスラーによる買収という運命をたどるわけですが……。

AMCでは、グレムリンの後に出たペーサーという、さらに宇宙的な車に米軍基地の家族がよく乗っていた。小さい割に天井がものすごく高いから、ママが運転している間、後ろのシートでは坊やが子供部屋みたいな気分で遊んでいたりして。AMCの車は、メタリックでキャンディなカラーがたまらない。こんなデザインの携帯電話があったら絶対に欲しいですね。

僕は、子供の時分からずっと黒人になりたいと願っていたんですが、唯一の例外として、グレムリンに乗るときだけは、白人になりたいですね。マイクとかそういう名前で、横分けの金髪をなびかせたりして。

セカンドカー、例えばビーチクルーザーとして、日頃から使ってみたいですね。あんまり大事に扱うんじゃなくて、雑に乗り回したい。この車なら、葉山辺りで、塩害にやられててもカッコよさそう。アメ車って、基本的には雑に乗る感じに憧れたんですよ。

05
ISUZU BELLETT 1600GT-R
-1975-

15歳のとき、ベレGは
“異界”へとワープさせる車になった。

雲の中に“いすゞ”と入ったマークに「五十鈴川のパワーを感じ、拝みたくなる」と剣さん。「横分けハンサムな車の代表、ベレGみたいな男になって、ベレGみたいな音楽をやりたい」

ベレット１６００ＧＴは、クレイジーケンバンドをはじめ、僕の作った歌に一番多く登場する車。その名もずばり「ベレット１６００ＧＴ」という楽曲は、商品名を連呼するにもかかわらず、なぜかＮＨＫでも歌うことができました。文化財として認められたんでしょうかね。日本で初めてＧＴを名乗ったこの車との出合いは、日吉の幼稚園に通っていた頃。友達のお父さんの愛車を見て、シビれました。当時、ミッキー・カーチスさんはベレＧでカーレースに参戦していたし、〝失神女優〟と呼ばれた應蘭芳さんは、ＣＫＢの「OH! LANG FANG」という曲の歌詞で念写したとおり、実際に黄色いベレＧで元町あたりを走っていたらしい。僕が憧れるパンチな人たちには、ベレＧを愛車にしている人が多かった。あの時代のアイコンだったんですね。そんな僕の〝ベレＧ観〟を決定づけたのが、１９７5年に発表されたユーミンのアルバム『コバルト・アワー』。

その表題曲では、夜の都会を走り抜ける白いベレＧが１９６０年へとタイムスリップする。はっきり言って、このレコードは僕の運命を変えました。メロディ、コード進行、そして歌詞、すべてが恐ろしいまでにソフィスティケートされている。おまけに、細野晴臣さんのベース、林立夫さんのドラムをはじめ、ティン・パン・アレーを中心とした演奏も神！　もう勘弁してよってぐらいやられましたね。ペーター佐藤さんが手掛けたエアブラシによるジャケットのイラストを含め、ミラクルな世界観が構築されている。『バック・トゥ・ザ・フューチャー』のデロリアンじゃないけど、このアルバムを聴いて以来、ベレＧは、スペーシーな異界へとワープする乗り物として僕の中に位置づけられました。

23、24歳の頃に念願のベレＧを手に入れたとき、まずやったことといえば、ユーミンの「中央フリーウェイ」の歌詞の追体験。ミーハーですね。右に競馬場、左にビール工場を確認しながら、中央道を走りました。

結局、僕は20代のうちに3台のベレGに乗っています。1800GT、1600GT、そして1600GT-R。なかでも、1800GTは思い出深い。高速の石川町あたりを走ってるとき、お腹出してひっくり返っちゃったんです。道路沿いのテニスコートにいた人たちがわらわらとフェンス際に集まってきて、ほんとに恥ずかしかった。

ベレGの中で聴いた音楽は、なぜか耳に残るんです。独特のエグゾーストノートに邪魔されながらも、当時のFEN――現在で言うAFN、つまり駐日米軍向けAMラジオ――から流れるざらついた音色で聴くと、何でもいい曲に聞こえてしまう。プレイヤーの「ベイビー・カム・バック」やJ・ガイルズ・バンドの「ワマー・ジャマー」がカーラジオから流れてくると、涙が出そうなほど感激しました。あらためてレコードやCDで聴くと、ピンとこなかったりしたんですが……。

'95年にリリースしたソロアルバム『CRAZY KEN'S WORLD』のジャケットを飾る赤いベレGは、実を言うと僕の持ち物じゃないんです。当時、横浜の浅間下あたりで車を走らせていた僕は、ふと、目の前に赤いベレGを見つけた。パッシングして必死に追いかけるも、相手はスピードを上げて逃げていく。ようやく赤信号で並んだ瞬間、窓を開けて、「すいません！　そのベレG、ジャケットの写真に使わせてもらいたいんですけど！」とお願いしたんですが、ものすごく怖がってました。まあ、当時の僕の愛車は黒塗りのセドリックだったから、その反応は当然かも（笑）。

06
NISSAN SUNNY COUPE 1200 GX-5
-1978-

18歳のとき、初めて買った車は
公道を走れなかった。

当時、トヨタのカローラと並び称されたニッサン・サニー。「正面はもちろんだけど、この車はリアもカッコいい。電車で言うと、京浜急行に近いデザイン性の高さを感じます」

僕が、18歳のときに免許を取って最初に買った車は、日産サニークーペGX-5の中古車でした。

1970年代前半、当時大人気だった『富士グランチャンピオンレース』の前座として、市販車ベースの小型車が競う『マイナーツーリングレース』が開催されていた。このクラスの花形がサニークーペGX-5でした。メインのグラチャンよりも激しいデッドヒートが繰り広げられるのを見て、これはチンピラ感があっていいなあと。そのうち、自分の中に、GX-5でレースに出場したいという気持ちが芽生え始めた。だから、18歳で免許を取った直後、生まれて初めて買った車も完全なレース仕様。いきなり、公道を走れない車を買ってしまった。今考えれば謎。しかも、手に入れたはいいものの、サーキットまでどうやって運ぶか、まったく考えていない。僕には、昔からそういうトンチンカンなところがあったんですよ。子供の頃、野球を始めたとき、なぜかグローブじゃなくミットを買ったりして（笑）。

親戚や知り合いのトラックに載せてもらって、2～3回は富士スピードウェイの草レースに参加したんですが、何するにもいちいちお金がかかる。こりゃレーサーは無理だと凹んじゃって。結局、当時実家があった横浜ドリームランド横の露天駐車場で雨ざらしのまま物置代わりに使った後、廃車にしちゃいました。

その後しばらくは、サニークーペを目にするたび敗北感を覚えましたね。ほんと、見るのも嫌だった。

それほど値段が高くなかったこともあってか、当時は不良の兄ちゃんがよく乗ってたんです。カラーボックスに漫画本が詰め込んであって、灰皿には煙草の吸い殻がいっぱい溜まっているような、その手のヤング（笑）。彼らの溜まり場のアパートの前には、決まってこの車が止まっていた。音楽で言うと、当時流行ったキャロル、キャンディーズ、そしてソウルが似合う。

つまり、中2のまんま大人になれる。人生には、みんなと同じことをやりたいという時期がある。例えば、「マジソンスクエアガーデン」のバッグを持つように、魚群の中の一匹になるという喜び。それにバッチリはまったのが、サニークーペだったんですね。

いわゆる〝抱きたくなる女の子〟みたいな意味の、車としてのセックスアピールがすごい。操縦性に優れているから、うまく乗りこなせるような勘違いをさせてくれるんです。乗ると絶対飛ばしたくなっちゃうっていう。とにかくストレスフリー。紐なしの〈バンズ〉のスリッポンをつっかけるような気楽さが魅力なんですよ。街乗りする日常の足として使えば最高だったのに、僕はなぜレーシングカーを買ってしまったのか……。

ただ、あまりにもメジャーだったがゆえに、その洗練ぶりが見落とされている点が残念。'70年代当時、矢沢永吉さんの優れた音楽性に対する世間の誤解に通ずる部分がありますね。ハンドルやパネル、そしてリアランプも、実は世界でもまれなほどにスタイリッシュ。今こそ、正当に再評価されるべき車だと思います。

07

MERCEDES BENZ 280SE3.5 COUPE

-1973-

13歳のとき、この車を見た瞬間、
「早く大人になりたい！」と思った。

剣さんが「今一番欲しい車」という一台。「フルチョイスシステムで家を設計するみたいに、完璧に自分好みにできるのがいい。フロントのライトの"タテ目"も、とても印象的」

中学1年か2年のときの夏休み、江ノ電を鵠沼駅で降りて海に行くまでの途中、ちょっといい感じの家を見かけました。そのガレージに止まっていたのが、メルセデス・ベンツ280SE3.5クーペ。カラーは確か、上がココア、下がオフホワイトの2トーン。早く大人になってこの車に乗りたい！ 見た瞬間にそう思わせてしまう、エレガントな風格を漂わせていた。

その後、親戚の知人が持っていたこの車に乗せてもらったことで、ますますその魅力の虜になりました。フロントとリアからサイドに流れるウインドウの曲面やリアフィンの流麗な造形美はまるで高級家具。インテリアに使われた本革やウッドの質感も素晴らしい。改築以前の帝国ホテルを連想しました。

この車種は、1969年から'71年にかけての3年間しか生産が行われなかったため、クーペとカブリオレを合わせても、流通した総数がわずか4500台ほど。つまり、世界的に見てもかなりレアな車種なんですね。

ドイツ車でありながら、アメリカでブレイクしたというその点が、僕にとってはツボ。ドイツとアメリカは、本来、両極端ともいうべきセンスを持った国なのに、こと車に関しては、なぜかめちゃくちゃ相性がいい。フォルクスワーゲンには、カリフォルニアで大ヒットした〝キャル仕様〟があるぐらいで。それに、ビバリーヒルズのお金持ちは、たいがいアメ車じゃなくてヨーロッパ車に乗っていますしね。

この車からは、意外に日本情緒も感じます。松並木の木漏れ日の中を走り抜けたくなる。だから、海沿いの鵠沼や葉山で乗るのがいいんだけど、やっぱり塩害が心配だから、むしろ東京のほうがいいかな（笑）。多摩川を見下ろす等々力の高台や、目黒通りの八雲、それも高級スーパーの『ザ・ガーデン』がある一画の一戸建てに住みながら乗り回すなんてのが理想ですね。

鵠沼での出合い以来、現在までずっと、この車が欲しいという気持ちは変わらない。なのに、なぜか縁に恵まれない。たった今、別の車を買ったばかりのタイミングで、「出物があります！」という連絡が入ったりとか（笑）。一度、この車種としては珍しく、奇跡的にすごく状態のいい中古が見つかったんですが、妙に明るいグリーンだったからこれは違うと我慢ができた。あれが違う色だったら、絶対買っちゃってたはず。

本命の280SE以外なら、メルセデスの中古は4台ほど買った経験があるんですよ。まずは、560SEC。この車、日本ではその筋の人が乗る車というイメージがあったりしたんですが、僕としては、『マイアミ・バイス』的夕景のパームツリーを縫って走る映像を重ねていました。それから、E55 AMGに至っては計3台も乗った。ロサンゼルスのチカーノや黒人がこの車を成功のシンボルとして買い、カスタムして乗る姿にシビれて真似してみたわけです。

いつの日か、280SE3.5クーペを手に入れたい。その夢と、まだ納車されないノヴァとの板挟みになりながら日々暮らしています。

08

BMW 2002tii

-1984-

23歳のとき、長年焦がれた車を手にし、
ただ一度乗り、別れた。

「この車は全然威張った感じがない」と剣さん。「フェイスやリアの丸目のライトには、どこか哀愁がある。そこもいいですね。今、ぜひ若い人に乗ってもらいたい一台です」

生まれて初めてＢＭＷというメーカーを認識したのは、小学校2年生のときのこと。その頃、僕は腎炎と自律神経失調症を併発し、駒沢の国立東京第二病院（現・国立病院機構東京医療センター）に入院していました。母親はお見舞いに来るたび、自由が丘の『マミー』というおもちゃ屋さんで新しいミニカーを買ってきてくれたんですが、その最初の一台がＢＭＷ。一目見て、ビビッと感じるものがあった。

僕が10代に足を踏み入れた１９７１年、後に〝マルニ〟という愛称で呼ばれることになる２００２ｔｉｉが登場します。けれど、実物に触れたのはそのだいぶ後。18歳の僕がクールスＲＣというバンドの見習いスタッフに付いた頃、水口晴幸さんとともにツインボーカルを務めていた村山一海さんが２００２ｔｉｉに乗っていたんです。

ムラさんは優しい人だから、ほんの下っ端の僕にまで自分の愛車を貸してくれた。拝借したマルニに女の子を乗せて、デートに行ったのも、いい思い出として残っています。

とにかく乗り心地がものすごくソリッドだったんですよ。高速道路の継ぎ目を踏んだときの衝撃音が心地よく、「ガタン」ではなく「コトン」という感じ。ロードホールディングが抜群に安定していて、スムーズなコーナリングは、まるでレールの上を走っているかのよう。ちょっとやそっとのスピードではびくともしない。さらには、ドアを閉めるときに漏れる音すら静かだった。これは、さすがアウトバーンの国の車だなと感心しましたね。まさにドイツ車。すべてが質実剛健。

ルックスがまたスタイリッシュ。この丸いお目々を見てくださいよ。哀愁を帯びた表情が、ほんとにかわいい。テールランプもまん丸。だから、全然威張ってる感じがしないんですよね。ドイツ車でありながら、ちょっと北欧の薫りがするインテリアも魅力的でした。

’81年になって、僕はクールスRCにボーカリストとして加入します。3年後の’84年にはバンドから抜けることになるんですが、その寸前、ムラさんが例のマルニを買わないかと持ちかけてきました。残りのローンさえ払ってくれればいいからというから、これは相当な好条件。一も二もなく飛びついた。

ところが、納車スケジュールが決まったそのタイミングで、僕は当時乗っていたVWタイプ3でスピード違反を起こし、免許取り消しを食らってしまった。実際に処分が下されるのは納車の後だったから、たった一回だけ、自分の愛車としてマルニを運転しました。

人手に渡すとしても近くに置いておきたかったので、当時はクールスRCのベーシスト、現在は僕と事務所を共同経営する萩野知明君にこの車を譲ることにした。僕が支払ったローンは6、7万円。名義変更も済まさぬまま、萩野君の元へと嫁いでいった。まあ、彼が乗るようになってからは故障続きで、何だかんだ修理に200万円以上かかったらしいんですが（笑）。

一回だけ抱いたいい女をみすみす逃したような気分。いつかまた、乗ってみたい車ですね。

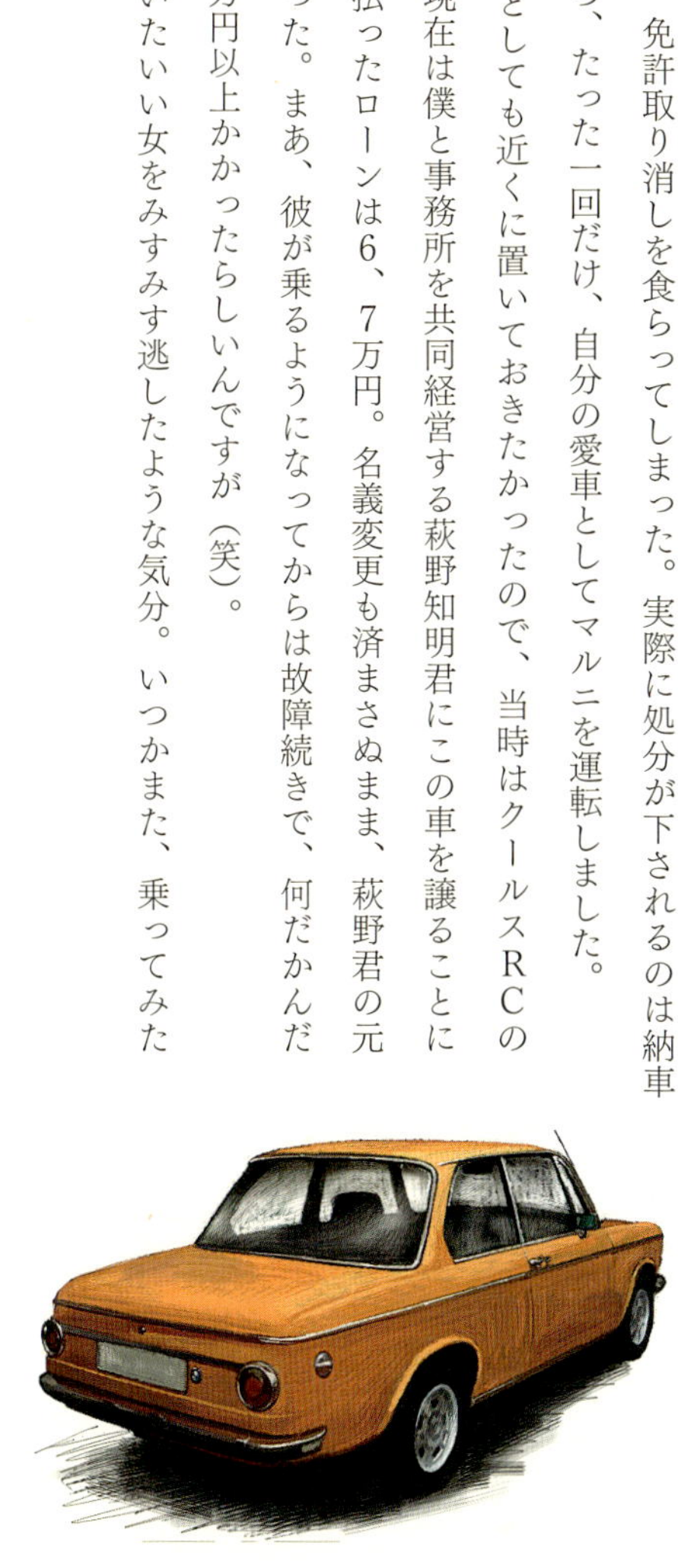

09
AUSTIN-HEALEY 100-4
-2011-

51歳のとき、オースティン・ヒーリーが
少年の頃憧れた世界への「パスポート」になった。

1956年誕生。「ヒーリーに乗ると、葉山の海がコート・ダジュールに見えてくる」と剣さん。「車は走っている姿が一番美しいとあらためて実感。自分の手で直せる部分も多いんです」

あれは2011年2月。クレイジーケンバンドとのコラボレーション楽曲を制作することが決まった堺正章さんと、曲作りに関して話し合うことになりました。

食事の席で、堺さんが毎年出場しているクラシックカーのラリー『ラ フェスタ アウトゥーノ』について軽く質問をしたら、「あ、剣さんもお出になりますか?」って。その場では「いやあ、出られるような車も持ってないので」とやんわり断ったつもりだったんですが、次に会ったときには、すでに申込書が用意されていた(笑)。これはもう出るしかない、と腹を決めたとき、出くわしたのがオースティン・ヒーリー100-4。ちょうどいい中古の出物があったから、衝動買いしちゃいました。

この車、実はまだ小学生だった頃から強く心に刻まれていたんですよ。ライトウェイトスポーツと称される英国車に惹かれていたあの当時、僕は、コダックのカメラを首にぶら下げて街に出ては、MGやトライアンフ、ミニ、ジャガーといったイギリスの名車をパシャパシャ写真に撮っていました。そんな中でも、アール・デコを思わせる貝殻みたいなボンネットの形が鮮烈なオースティン・ヒーリーの存在感は格別。

1960年代の横浜では、オースティン・ヒーリーをよく見かけました。今、僕がこの車で元町や山手に繰り出すと、お洒落なおじいちゃんに「私も、昔これに乗ってたんだよ」なんて話しかけられたりする。そういったコミュニケーションが生まれるのも嬉しいところ。

後に、アメリカで自動車の草レースを見る機会があったんですが、英国車限定の競技会では、ヒーリーばかりがやけに目立つ。なぜそんなに多いのか調べてみると、この車種が一番売れた市場は米国だったんですね。〝アメリカの恋人〟なる愛称も持っていたらしい。

そんなこんなで'11年10月の『ラ フェスタ アウトゥーノ』に初出場したわけですが、これが心の底から楽しかった。僕がハンドルを握ったオースティン・ヒーリーなんて、'50年代後半のものだからまだまだ新しい域。文化財級ともいうべき戦前のクラシックカーが当たり前のように列をなす光景は、まさに壮観ですよ。

3泊4日の行程は、明治神宮からスタート。関越自動車道に乗って軽井沢に1泊、草津、野沢、越後湯沢をぐるりと回って再び軽井沢で1泊、その後、南へと下り箱根で1泊し、伊東、熱海、大磯、葉山、そして横浜を経由して原宿に戻る。つまり、昭和の薫り漂うヨコワケハンサムな土地ばかりを巡るんですね。そんな絵になる風景の中に、堺正章さん、近藤真彦さん、鈴木亜久里さん、パンツェッタ・ジローラモさん、桐島ローランドさん、横山剣さん(汗)といった絵になる出場者が佇む。そんな様子を見るのもたまらない。

60代や70代のドライバーも大勢エントリーするこのラリーでは、僕なんかひよっこもいいところ。最年少は近藤真彦さんかな。憧れの先輩たちの中にあって、ぺーぺーでいられるという快感がありますね。

沿道では箱根駅伝よろしく地元の人たちが旗を振ってくれるんですが、それに応え手を振るにあたっては、屋根がないというのは非常に都合がよろしい。

2年連続の出場となった'12年は、コース途中で何度となくエンジンが悲鳴を上げ、修復不能。3日目の朝、リタイアしてしまった。現在はオーバーホール中。退院を心待ちにしています。ちなみにこの車、撮影に貸し出すモデル車両としてプロダクションにも登録してるんですよ。ご用命ください!!

10
MATSUDA ROADPACER
-1975-

15歳のときに出合った「ハーフのハンサム男」は、
まさに幻の車だった。

1975年誕生。「この車、会社としてすごく意気込んで開発したのに、結局、空振りしてしまってた感もいい」と剣さん。「ワックスなんかせず、干涸びた風合いで乗るのが粋！」

子供の頃、世界の名車図鑑みたいな本を眺めていたら、ホールデンという車が目に留まりました。まずは、ホールデンというその響きに、外国を感じた。よく読むと、オーストラリア車だと書いてある。ちょっと主流から外れた感じ、サブな感じに惹かれました。

その後しばらくたった1975年、マツダからロードペーサーという3ナンバーのセダンが発売されました。これが、ホールデンの車体にマツダのロータリーエンジンを積んだ車だったんです。興奮しましたね。日豪の混血車というコンセプトだけでも魅力は満点だというのに、それに加え、薄めのグリーンやブルーのメタリックといったボディカラーもご機嫌だった。フロントの顔つきも何だかハーフのハンサム男みたいな感じだし、リアのラインもすごくセクシー。

ただ、トヨタのセンチュリーや日産のプレジデント、三菱のデボネアといった当時の国産の最高級車を超える値段が災いしたのか、セールスは芳しくなかったらしい。累計販売台数は800台ほどだったというから、とにかく中古の玉数が少ない。公道で走っている姿をほとんど見かけたことがない幻の車なんですよ。

たった一度、二十数年前に、三田の慶應のあたりで路上駐車中のロードペーサーを発見したことがあります。その場で、取り急ぎ、「ご連絡ください」というメッセージと電話番号を記したメモをワイパーに挟みました。結局、なしのつぶてでしたけどね（笑）。

こういう何でもないおっさんくさい4ドアのセダンは、むしろ若い人が乗ったほうがカッコいい。そのことに気づかせてくれたのは、ニュージーランドのレゲエバンド、ブラック・シーズの「So True」という曲の

PV。ホールデンの古いセダンにメンバーたちが乗り込んで遊びに繰り出すその様子が実に絵になる。

僕も、もしロードペーサーを手に入れたなら、男ばかり4、5人を乗せて何の目的もないドライブに出かけたい。ただ、それが似合うのはせいぜい30歳まで。50代のおっさんたちが同じことをしても、悲しいかな、ゴルフにでも行くのかとしか思われない（笑）。

ロードペーサーと同じ意味で好きなセダンが、ヒュンダイのグレンジャー。日本車でたとえるなら、デボネアみたいな位置付けの車ですね。

韓国を走るタクシーには、「一般」と「模範」の2種類があるんですが、グレンジャーは、高級とされる黒塗りの模範タクシーによく採用されている。その事実からもわかるとおり、シートは本革でインテリアもゴージャス、乗り心地もいい。……でも、どこか微妙。微妙が走ってるような、そういう色気なんです（笑）。

マツダは、ロードペーサー以外にも面白い車が多い。R360クーペ、コスモスポーツ、サバンナRX-3、カペラ、ルーチェレガート、どれもカッコよかったな。

残念ながら、今に至るも、ロードペーサーには乗った経験がない。マツダならではの小気味よい走りっぷりを想像しながら、運命の出合いを待っています。

11

VOLKSWAGEN TYPE 3

-1983-

23歳の雨の日に出合った美しい車には、
ほろ苦い思い出がある。

1961年誕生。剣さんは'69年製を所有していた。「クーラーがなかったけど、窓を開けたらなんとかなりました。とにかく出掛けるのが楽しかった。ドイツ車でもアメリカ西海岸を感じます」

小学生の頃、芝浦や横浜の港北にあった「ヤナセ」に行くのが好きでしょうがなかった。

当時のヤナセは、まさにライフスタイル全体をプロデュースする存在でした。店頭には、外車のみならず、さまざまな生活雑貨が並んでいた。特に、赤いタータンチェックの魔法瓶とか、窓から青い炎がのぞく「ブルーフレーム」という名の石油ストーブをはじめとする海外ブランド〈アラジン〉には憧れました。

作曲家の村井邦彦さんや飯倉のイタリアンレストラン『キャンティ』の川添象郎さんとともに「アルファレコード」を設立し、ユーミンを世に送り出すなど、ヤナセはとにかくアーバンなイメージに満ちていたんです。そんなヤナセに僕が足繁く通っていた頃、ガレージに停まっていたのをふと目にしたのが、フォルクスワーゲン・タイプ3との最初の出合い。見た瞬間、これこそヤナセ的なライフスタイルを実現してくれる車だとピンときましたね。

その後だいぶたち、23歳になったある日、僕はタイプ3を衝動買いすることになります。

その現場は、元レーサーであり、かつて『トヨタ東京カローラ』に勤めていた僕の2人目の父親の同僚だった新堂英樹さんが、川崎市宮前区の梶ヶ谷で営んでいた中古車ディーラー。その店は、僕の親友であるミュージシャンのチャーリー宮毛や、赤塚不二夫さんの娘で現在は現代美術家として活躍している赤塚りえ子さんなど、個性的な面々が集うサロンみたいな役割を果たしていました。当時、役者を目指していたこの2人は、京唄子さんと鳳啓助さん率いる唄啓劇団に所属してたんですよね。僕もこの店にはよく通いました。

BMWのいいのがあると聞いて見に行ったはずが、僕の目は、たまたま入荷していたタイプ3にくぎ付け。阪急電車みたいなマルーンカラーが印象的でした。ちょうど雨の日だったから、きれいに塗られたワックスに雨の粒がはねる様子がほんとに美しくてね。あの日がもし晴れだったら買わなかったかも（笑）。リアエンジンだから、フロントが軽い。つまりハンドリングがすごく楽。日頃の足としては最適でした。タイプ3というとマニュアルがほとんどなのに、僕が見たのはオートマだったというのもポイントだった。そうそう、キャビンとトランクの間に段差を持つノッチバックという形状も、この車種には珍しかったんです。納車されてからは、車内に置くちょっとした小物に関しても、徹底してヤナセっぽさを演出しました。

この車にはサーフキャリアが似合うから、僕自身はサーフィンやらないけど、仲間のボードを載せてあげたりしてました。そんなある日、原宿にあったクラブ『ピテカントロプス・エレクトス』で夜通し遊んだ後に、この車でそのまま海に繰り出そうということになった。乗り合わせたのは、クールス、シャネルズ、ブラックキャッツといった当時の人気ロックンロールバンドの集大成のようなメンバー。

そんな豪快なメンツで、陽気に歌なんか歌いながら早朝の首都高をぶっ飛ばしていたら、取り締まりのカメラが光った。あ、やっちゃったと思いましたね。結局、それまでの違反が積み重なって免許取り消しに。警察で証拠として見せられた写真では、車に乗ったみんなが楽しそうに笑っていた。あまりにいい表情だったから、「これ、もらえませんか？」と聞いたら、不謹慎だと怒られちゃいましたけどね（笑）。

12
HONDA ACCORD AERODECK
-1987-

26～27歳のとき、生まれて初めて買った
新車との別れは突然だった。

1985年誕生。「計器類はスポーティなのに、シートはラグジュアリー。こんなに心地いい車はなかった」と剣さん。「今、若い人にこそ乗ってほしい一台ですね」

26、27歳の頃、生まれて初めて手に入れた新車が、ホンダのアコードエアロデッキ。キャッシュで買いました。といっても、別に金回りがよかったわけじゃなく、悲しいかな、ローンの審査が通らなかったから。色は、黒いモールを境に、上がガンメタリック、下がシャンパンゴールド風のシルバーという2トーン。この車で芦ノ湖とか行ったら楽しいだろうな、ハッチを開けて荷台に座ってルアーフィッシングなんかやりたいな……と思ったら、意外と座るのが難しかった。なぜなら、開口部分が、床よりちょっと上にある。だから、楽器や機材の出し入れもやりづらかった。バックシートを倒せるから、収納スペースは広いんですけどね。そして、ガラス面が多いからとにかく暑い。

そんなこともあってか、発売当初はとにかく不人気だった。でも、僕は大好きだったんですよ。シートの材質、スポーティな計器類、そして、スペーシーなキャビン感、何でみんなこのカッコよさがわからないのかと首をひねりました。コンパクトだから、実際、日常の足、シティコミューターとしての性能は抜群でしたしね。

この車には、その頃付き合っていたかわいい女の子とのデートの思い出がたくさん詰まっています。米国製の甘い芳香剤を効かせた車内では、あの時代に流行ったカチッカチでキラッキラのブラックミュージックばかり大音量で聴いてましたね。アイズレー・ブラザーズ、オラン・ジュース・ジョーンズ、ジェリー・ウー……。FMヨコハマがまだ開局して間もない時期でした。

実は、この車には、コーネリアスの小山田圭吾君を何度か乗せたことがあるんです。というのも、当時、まだ5人編成だったフリッパーズ・ギターは、僕がやっていたザズーというバンドと同じ事務所がマネジメントを手掛けていた。その縁で、一緒にライブを演ったこともあります。そういや、フリッパーズが合宿レコーディングをしてた河口湖のスタジオまで、エアロデッキで陣中見舞いに行ったこともあった。そのときは、小沢健二君と卓球したんだよな（笑）。その後、2人組になった彼らが大ブレイクしたのにはヤラれました。

愛車との別れは、唐突に訪れます。ザズーのメンバーやスタッフを乗せて走っていたら、富ヶ谷の交差点でレガシーと正面衝突。全損事故を起こしてしまった。誰一人ケガがなかったのは不幸中の幸いでした。今も、富ヶ谷を通るたび身が引き締まります。

その後、今度はアメリカから逆輸入された左ハンドルのアコードクーペSiという車を買いました。これも新車だったんですが、このときは正社員になっていたので、ローンが通る身分になっていた（笑）。そして、次に買ったのがホンダ・レジェンドの中古。このレジェンドを、当時ムーンドッグスというR&Bグループで活動していた友人、イクラちゃんこと井倉光一君が乗っていたエアロデッキと取り換えっこしたんです。

都合、この車種には2回乗ったということになりますね。愛着のある車です。また欲しいぐらい。

13
NISSAN SKYLINE 2000 GT-R
-1969-

9歳のときに見たレースで初優勝した車は、
常に屈辱と羨望を抱かせる。

1969年誕生。イラストは剣さん憧れの篠原孝道さんが乗ったレーシングタイプ。「当時、スカイラインのプラモデルを買っては、このカラーリングにしていました」

子供の頃、叔父の車に乗せてもらって東名あたりを走っていたら、右車線を、一台の車が颯爽と追い越していく。後ろ姿を見れば、光るのは丸い4つのテールランプ。そう、スカイラインの「ケンメリ」と呼ばれたモデルです。あの、屈辱と羨望がないまぜになった感情はどうにも忘れがたい。さらに遡って1968年から発売された「ハコスカ」と呼ばれるモデルの存在感は格別。そのなかでも特別な存在だったのが、'69年に発売されたスカイラインGT-R。「スカG」と略されるスカイラインGTの最上位機種に当たります。Rというのは、レーシングの頭文字ですね。

その名のとおり、基本的には完全にレースを意識した仕様のマシンなんで、一般ユーザーにはなかなか手が届かない。言ってみれば、当時のスーパーカー。値段は、リアルタイムで300万円以上しました。現在の感覚でいうと、1000万から2000万はするんじゃないかな。今、もし中古で買うとしても、ネジ一本に至るまで完璧な状態だったら2000万円を優に超えるはず。

とにかく、走りに徹した車です。ラジオもない、何にもない。まるで吉幾三さんの歌みたい（笑）。ヒーターもない、クーラーもない、パワーウィンドウもない、究極の「走り」に必要なものだけが搭載されている。競技用のオプションも、圧倒的に充実してましたね。

発売の同年、GT-Rは『JAFグランプリレース』のクラブマンレースという部門でデビューします。レース当日は、高橋晴邦選手が乗ったトヨタ1600GTが1位でゴールするものの、走路妨害があったと判定され、2番手でゴールインしたスカイラインGT-Rが繰り上げ優勝となった。少し苦い初優勝でした。

そのとき、GT-Rを駆ったドライバーが篠原孝道さん。中学生時代の僕が非常にお世話になった方です。

あの頃、僕は「毒ガス」という自転車暴走族を率い、篠原さんが神奈川県大和市で経営していたレーシングショップ『ピットロード』に足繁く通っていました。住んでいた横浜からは1時間半かかったかな。店内に飾ってある優勝カップを見て興奮したり、喫茶部でお茶を飲んだり、果ては篠原さんからサインをもらったり……。考えてみれば、迷惑なガキでしたよ（笑）。

憧れのモータースポーツの世界に入りたいから弟子にしてほしい。ある日、直訴したら、そんなガラの悪い態度でチョッパーの自転車に乗ってるようじゃダメだとか、いろいろとお説教を受けました（笑）。まあ、相手はただの中学生だし、からかい半分の優しいお説教なんですけどね。すごい包容力を持った人でした。

そんなある日、何かのレースを見に訪れた富士スピードウェイの入り口で僕がチケットを買おうとしていたら、その横を、車に乗った篠原さんがスーッと通りかかった。声をかけられて、「あ、篠原さん」と答えたら、「乗ってきなよ」と言う。そのまま入場料も払わずパドックまで連れていかれて、フリーパスで、スタート直前のレーサーたちの緊張した場面を目にすることができました。ほんと、感激しましたね。

GT-Rはハードルが高いから、当時はみんな、代わりに普通のGTを買って、エンブレムを張り替えたりしながらGT-R仕様に改造していました。

かくいう僕も、だいぶ後の'81年、クールスRCというバンドのボーカルに就任した記念として、GTの2ドアハードトップを買いました。ほんとは、GT-Rの4ドアが欲しかったんですけどね（笑）。

14

NISSAN R381

-1968-

7歳のとき、一台のレーシングカーが
「大人の覚悟」を教えてくれた。

1968年誕生。'67年の第4回日本グランプリで敗れた日産が投入。「当時、日産vsトヨタは国家間の戦争に近い緊張感。ドライバーには零戦のパイロットのような覚悟があった」

日産R381は、1968年の日本グランプリでデビューしたレーシングカー。7歳だった僕は、富士スピードウェイで行われたそのレースを現場で見ているんです。

しかし、このマシンは、シャーシやボディこそ日産が製作していたものの、肝心要のエンジンの開発はレースに間に合わず、シボレーのV型8気筒を積んでしのいでいました。日産にしてみれば不本意だったでしょうが、むしろ、その日米ハーフのエキゾチックな質感こそが、僕にとってはグッときたんですよ。

ゼッケン20番を付けたR381でそのレースに出場し、ほぼ独走状態で優勝を飾ったのが、北野元さん。

この人、ほんと天才肌なんです。まず、18歳のときに2輪ライダーとしてキャリアを開始するんですが、そのデビュー戦では、みんながカリカリにチューンしたマシンで参戦する中、何と、市販のまんま、一切手を加えないバイクで出場した北野さんが優勝しちゃった。

そして、2輪のトップレーサーとして国際的に活躍した後、4輪に転向する。日産に移籍してからは、高橋国光選手、黒澤元治選手と並び、〝追浜三羽烏〟と呼ばれます。追浜とは、日産の1軍チームの本拠があった横須賀市の地名。つまり、エリート中のエリート。

当時の北野さんは、とにかくカッコよかった。特に、薄く生やしたコールマン髭には憧れました。大人になったら絶対髭生やすぞと思ったぐらい。実を言うと、僕がブリティッシュな雰囲気のチェックのハンチングをかぶっているのも、北野さんの影響なんです。角川映画『汚れた英雄』の主人公のモデルになったという説もあるほどで、実際、相当モテたんじゃないかな。

あの時代、日産とトヨタは互いの威信を懸けて争っていて、その最前線にレースが存在していました。だから、スタート前のドライバーの表情には相当な悲壮感があった。実際、クラッシュすれば命の保証はありませんでしたしね。だから余計しびれちゃう。

男が男らしく、大人が大人らしかった時代。高度成長期には、大人と子供の間に、今では考えられないほどの雲泥の差が横たわっていました。

僕は、2013年の2月、『ノスタルジック2デイズ』という旧車イベントのトークショーに出演したんですが、その際、同じイベントに呼ばれていた北野さんとお話しする機会に恵まれました。さらには、日産での北野さんの同僚だった砂子義一さん、後輩の星野一義さんという伝説の名レーサーにもお会いすることができた。この体験、ガキの頃の自分に思いきり自慢したい！

R381が優勝した翌年、'69年の日本グランプリでは、日産オリジナルの12気筒エンジンも無事完成し、後継車種となる純国産のR382が見事優勝を果たします。しかし、その後、オイルショックが到来し、カーレースの人気は急激に冷え込んでいく……。

モータースポーツの黄金時代がひとつのピークを迎えた'68年に登場したR381という車は、ブームのシンボルだったように思えます。実に感慨深いですね。

15

RENAULT 8 GORDINI

-1970-

10歳のとき、愛嬌の中に狂気をはらんだ一台に
度肝を抜かれた。

1958年誕生。車名はフィアットのチューニングを手掛けたイタリア人、ゴルディーニに由来。「車内で音楽をかけないで、純粋にエンジン音を楽しむのもいいですね」と剣さん。

今、一番欲しい車が、ルノー８ゴルディーニ。1958年に発表された、ルノー8のスポーツタイプですね。例えば、富士スピードウェイや筑波サーキットなどで開催されている旧車のアマチュアレースに、この車を引っ提げて参戦できたら最高だなと想像したりして。そんなに速いレースじゃないかと思いきや、おじさんたちはみんな結構本気。熾烈なデッドヒートを繰り広げているから、まったくもって侮れない。

この車を初めて目にしたのは、小学3、4年生のとき、テレビのチャンネルを回したらたまたま流れていたフランス映画の一場面。いまだに、何という題名の作品だったかはわからないままなんですが……。その後、赤坂では実際に走る姿を見かけました。

何より、その顔つきに、度肝を抜かれましたね。この車は後ろにエンジンを搭載しているから、ラジエーターの熱を外へと逃がすグリルをフロントに装着する必要がない。だから、表情がまるでのっぺらぼう。とっても愛嬌があるんだけど、その瞳の奥には、乱暴な狂気をはらんでいるように感じてしまいます。そして、ちっちゃい箱みたいな真四角のフォルムもかわいくってしょうがない。でも、サイズはコンパクトなのに、すごく強力なパワーを持っているんです。

忘れちゃいけないのは、フレンチブルーの車体にまっすぐ引かれた2本の白いライン。このライン、真ん中じゃなくて、少し片側に寄ってるところが絶妙にレーシーでたまらないんですよね。ちなみに、このデザインは、2009年、ゴルディーニの名を復活させたルノーの新たな車種にも引き継がれました。

わがままなことといいますが、白いラインとは裏腹に、アンテナは中央に付いててほしいんですよ（笑）。今まで、僕の心をギュッとわしづかみにした車は、ベレット1600GTをはじめ、軒並みアンテナが真ん中に付いている。その昆虫っぽさに、胸を震わせてしまう。

もしこの車のオーナーになれたら、車内では、ちょっとチープなイタリアンボッサやイタリアンツイストを聴いてみたい。フレンチじゃなく、イタリアン。

結局、50歳を超えた今に至るも、ゴルディーニのステアリングを握る機会には一度も恵まれたことがない。ただ、同じルノーの車に関してなら、何度か運転した経験を持っています。

'90年と'92年、フランス旅行の際にニースからモナコへとコート・ダジュールをドライブしたときに借りたレンタカーが、確かルノー5でした。下手すれば落石すら起きかねない、かなり狭い道路を恐る恐る走っていた僕の横を、60代後半とおぼしき白髪のおばあちゃんが運転するプジョーがあっさり追い抜いていく。まったくブレることなく正確にライン取りしながら走るその姿には、心底惚れ惚れしました。

プジョーといえば、僕の人生において、今のところ唯一所有したフランス車が、プジョー505。とある先輩からタダでもらったんですが、もらった後になって、なぜタダだったのか、その理由がわかった。僕の手元に渡った途端に故障したから修理工場に持っていったら、そこの人が、車を見た瞬間、「あー、こりゃダメですね」って（笑）。とんでもないものもらっちゃった。結局、廃車手続きにお金を費やしただけで終わり。あの車との思い出は、ほんとに幻のようです。

タダほど高いものはない。フランス車からは、そんな苦い教訓も与えられました。

16
CITROËN DS
-1965-

幼稚園の頃、UFOのような衝撃的デザインの一台に
腰を抜かした。

1955年誕生。「DSのことを話していたら、たまらなくなった。今、一番欲しい車ですね」と剣さん。「前回のルノーのゴルディーニと同じく、中央のアンテナにもグッときます」

両生類みたいな、爬虫類みたいな、この顔つき！

森の中を歩いていたら突然ラフレシアに遭遇したかのような、強烈なショックを与えるデザインです。

最初に見たのは、幼稚園の頃。母の兄の奥さんの実家が世田谷の尾山台にあって、近所を歩くたび、ある家の車庫の奥からこちらをじっとうかがう奇妙な顔つきの車が気になっていたんです。ある日、普段はガレージに収まっているその車が、家の前に横付けされていた。ようやく目にした全貌に、腰を抜かしました。

抹茶を薄めたようなグリーンメタリックのカラーリングに包まれたその姿は、まるでＵＦＯ。ポーッと火を吐きながら宇宙空間を飛んでいる姿が頭に浮かびました。小悪魔的な猫目やキュッとしたお尻もカッコいい。何でまたこんな形を思いついたのか。クレイジーケンバンドには「僕らの未来は遠い過去」というタイトルの曲がありますが、シトロエンＤＳは、そのコンセプトを具現化したかのごとき車ですね。レトロフューチャーじゃない。今も現役で通用する未来。

この独特にもほどがあるスタイルを有する車を、よりによって大統領の公用車として採用していたフランスという国家にも喝采を送りたい。

１９６２年、時の大統領シャルル・ド・ゴールが銃撃を受けたテロの際は、パンクした片方の後輪以外の３輪で走り続け、混乱する現場からいち早く脱出することができた。前輪駆動、そしてハイドロニューマティックという独自のサスペンションがもたらす安定性が功を奏したというわけ。この場面は、’73年に公開された映画『ジャッカルの日』でも描かれています。

もしこの車が手に入ったら、真正面からとらえたマイカーの写真を、ＣＤのジャケットに使ってみたい。昔のジャズのレコードを見ると、よくジャケットに高級車が写っていたりする。愛車を自慢したいんでしょうか。他にも、高い時計とか、わざと袖口から出して見せたりして（笑）。僕もぜひ、あれをやりたい。

若かりし頃、本気で買いたいと思って中古の仏車専門店に足を運んだことがありました。試乗したところ、想像したとおり、ものすごく乗り心地がいい。値札に「ＡＳＫ」と書いてあるからいくらか聞いてみたんだけど、なかなかはっきりと教えてくれない。「自分は持ち合わせが２００万円ほどで」と持ちかけたら、「それではとてもお売りできません」とピシャリ（笑）。恐らく、程遠いお値段だったんでしょうね。

今、販売されている最新のシトロエンＤＳ３カブリオがまたカッコよくって。コンバーチブルの黒い屋根にモノグラムの模様をあしらったりするセンスが秀逸。ただ、ルーフがウィーンとめくれて畳み込まれると、後方視界がだいぶ損なわれてしまう（笑）。遊び心を優先するちょっとお馬鹿な部分もかわいいんですけどね。

シトロエンは、いつの時代も斬新なモデルを繰り出してくる。新車のラインナップにも常に欲しいアイテムが存在するという事実は、見習いたい!!!

17

LOTUS CORTINA

-1967-

ミニカーで知った一台は、
欲望渦巻くマカオに似合うレースカーだった。

1963年誕生。「伊勢佐木町のお店でミニカーを見たのが、この車との出合い。イギリスの〈コーギー〉製でした」と剣さん。「'73年か'74年のマカオグランプリで初めて実物を見ました」

フォードの小型車、コルチナをイギリスの名門であるロータスがレース仕様にチューンしたモデルです。生産されたのは、1963年から'66年までの3年間のみ。今、オフィシャルには「コーティナ」と表記するらしいけど、個人的には、リアルタイムで一般的だった「コルチナ」という字面のほうが気分が出ます。「マスタング」じゃなく「ムスタング」にこだわるように。

小学校低学年の頃、伊勢佐木町の店でこの車の洋物のミニカーを買ってもらったのが初の遭遇。その後、20代のある時期には、この車をほとんど私物化して乗り回す機会に恵まれます。というのも、親しかった中古車ディーラーの新堂英樹さん――元レーサーでもあります――が、親切にも1か月ほど商品車を貸してくれたんです。非常に運転しやすかった。

ホワイトにブリティッシュグリーンというカラーリング、そして、メルセデスのエンブレムを逆さにしたような丸いテールランプがたまらない。

セダン風のルックスなのに、エンジンは怪物。普段はおとなしそうに街を走る車がサーキットでは突如牙を剥くという展開に、最高の色気を感じます。その二面性は〝羊の皮をかぶった狼〟と例えられました。同じキャッチフレーズで形容されたプリンス・スカイライン2000GTという日本車は、ロータス・コルチナを参考に作られたのかと思うほど特性が近く、この2台がレースで競り合うという場面も多かった。当時から、日本も海外の第一線に引けを取らないマシンを作っていたんだなと、誇らしい気持ちになります。

この車は、英国の植民地だった頃の香港の風景がよく似合うんです。実際、'60年代から'70年代にかけての香港の街で見かけるのは、オースティン、モーリス、そしてロータスといったイギリス車ばかりでした。その姿が、漢字の溢れる街と絶妙にマッチする。

当時、ミッキー・カーチスさんやザ・ゴールデン・カップスのエディ藩さんといったミュージシャンの会話を聞いていると、いいギターや機材はたいがい香港で入手している。香港という地名自体が、最先端のインターナショナルなオーラをまとっていました。

同じ意味で、マカオも魅力的。僕は、植民地の公道を走行するマカオグランプリが大好きでした。車体に貼られた〝可口可楽〟(コカ・コーラ)、〝労力士〟(ロレックス)という漢字表記の広告にもグッときた。

〝虎標萬金油〟という漢字のロゴと虎のマーク、つまりタイガーバームの広告をボディの横にペイントしたロータス・コルチナでマカオグランプリに出場する。そんな自分の姿を妄想したものです。そのチームのオーナーは、謎の華僑の大富豪という設定(笑)。

『ワイルド・スピードX3 TOKYO DRIFT』や『カーズ2』といった映画では、さまざまなレーシングカーが、日本語のネオン看板を背景に東京の街を疾走します。実にオリエンタル。ロータス・コルチナで同じことをやったら、相当イカすでしょうね。

18
NISSAN CHERRY COUPE
-1973-

13歳のとき、「逆境」に強い一台を
サーキットで見た。

1970年誕生。今回紹介したのはレーシング仕様だが、市販車は丸目の愛らしいルックス。「チェリーというネーミングにも、若者の“パンチ感”がありますね」と剣さん。

子供の頃に見た、チェリーの発売を予告するＣＭは印象的でした。全体をはっきりと見せることなく、おぼろげなシルエットだけが浮かび上がる。その思わせぶりなビジュアル戦略が、余計に見る側の想像力をかき立てた。幼心に、気にならざるをえない。

チェリーは、１９７０年、日産が初めて市場に投入したＦＦの車種。つまりフロントエンジン・フロントドライブですね。当初ラインナップされたセダンに続き、翌年にはクーペも登場することになります。

その頃、富士スピードウェイを訪れた僕がたまたま目にした光景は忘れようにも忘れられない。

そこでは、ＳＣＣＮことニッサンスポーツカークラブの一軍メンバーが、チェリークーペのテスト走行を行っていたんです。星野一義さん、都平健二さん、北野元さん……。錚々たるレーサーたちが、カラーとゼッケンのみが異なる同じデザインのチェリーに乗り込む。ブルー、グリーン、バイオレットなどが揃ったそのバリエーションにはしびれました。なかでも、オレンジの18番に乗った長谷見昌弘さんは、この車種のイメージをこの上なく高めましたね。

雨天や横風に強い前輪駆動というチェリーの仕様は、レースの場面においていかんなく本領を発揮します。

チェリーは、雨の日のレースには必ず勝っていたという印象があります。当時のサーキットは、現在と違って水はけも悪く、場所によっては川みたいになっている部分もあった。特に、富士スピードウェイというのは不思議なロケーションで、近くの御殿場は晴れているのに、このサーキットの上空だけ局地的に雨雲がかかっているということが少なくなかったんです。

周囲の車がやむをえずノロノロやっている横を、ＳＣＣＮの長谷見さんが駆るチェリーだけが、水しぶきを上げながらシャーッと走り抜けていく。その颯爽たる雄姿は、今なお鮮烈に瞳に焼き付いています。

僕も実際、この車を知人から借りて運転したことがあります。キャビンぽい感覚に惹かれましたね。できることなら、チェリーのドンガラ——古い言葉ですが、車体のこと——それだけを買ってきて、ＤＪブースをセットしたいと思っています。その昔、横浜は本牧にあった『リンディ』というディスコでは、シトロエンのクラシックカーのボディの中でＤＪが皿を回していたんですよ。懐かしいなあ。

当時、街を走るこの車からは、決まってキャロルかキャンディーズの曲が流れてきた。最大公約数的な若年層に支持されていた何よりの証拠でしょうね。

その一方では、てんとう虫や花の柄のステッカーを貼ってヒップに乗りこなす若者もいた。サニーデイ・サービスの曽我部恵一さん的な世界観かな。個人的には、そっちのほうがチェリー乗りとしては合格なんじゃないかと思うんですけどね（笑）。

今こそぜひ、『ＰＯＰＥＹＥ』読者をはじめとする若者に乗りこなしていただきたい車です。

19

TOYOTA 2000GT OPEN TOP

-1969-

9歳のとき、世界に2台しかない
“雲の上”の車を知った。

1967年誕生。『007は二度死ぬ』の劇中では、日本人諜報員のアキが運転した。「浜松町の貿易センタービル周辺など、高度成長期の息吹が感じられる場所を走ってみたい」と剣さん。

小学生のとき、自由が丘の『おもちゃ屋マミー』でミニカーを買ってもらったのが、トヨタ２０００ＧＴとの出合い。それは「コーギー」だったか、「マテル」だったか、とにかく舶来のミニカーでした。

それをひっくり返すと、土手っ腹には日本語で『００７は二度死ぬ』と書いてある。さっぱり意味がわからなかったから父親に聞くと、映画の題名だという。

１９６７年に封切られたこの作品を僕が観たのは、リアルタイムのロードショーではない。しばらくたってからテレビで放送されたときだったと記憶しています。

ジェームズ・ボンドが日本を舞台に悪の組織と戦うこの映画には、ホテルニューオータニや蔵前国技館をはじめ、自分にも馴染みのある風景が続々顔を出す。

その一方、現実には存在しない作り物の日本もいろいろと見られます。柔道着姿の忍者が姫路城で剣道の稽古に励んでいたり、海女さんが白いビキニで海に潜っていたり、なかなかトンチンカン（笑）。

子供はそういうところに敏感だから、何か妙な違和感を覚えながらも、そのエキゾチシズムにしびれてしまった。今につながる感覚の原体験です。

ここに主人公の愛車、つまりボンドカーとして登場するのが、トヨタ２０００ＧＴオープントップ。まだ発売前の試作車でした。結局、その後もオープンのバージョンは市販されなかったため、撮影に使用したたった2台しか、この車種は世界に存在しないらしい。

２０００ＧＴは、トヨタ自動車がヤマハ発動機の技術供与を受けて開発した超高級スポーツカー。ヤマハは二輪のノウハウを存分に注ぎ込んだわけですが、母体が楽器メーカーだけあって、ピアノやバイオリンの材料となる木材の扱いにも長けている。だから、ウッドを用いたインテリアのテクスチャーが実にリッチ。

数年前にロサンゼルスを訪れたとき、『プレイボーイ』を創刊したヒュー・ヘフナーの豪邸、通称〝プレイボーイマンション〟に足を運びました。贅沢この上ないその質感は、２０００ＧＴと共鳴すると思いましたね。

映画で観て以来、自分の中で神格化されていたこの車の現物――もちろん屋根は付いていましたが――と初めて遭遇したのは、横浜中華街。「永楽製麺」という会社の社長が乗っていました。女性の肉体を思わせるオーバルなシェイプ、本邦初の格納式ヘッドライトなど、何から何までスーパー。当時、世界を見回してもこんな車はなかったと断言できる。

クレイジーケンバンドの「湾岸線」という楽曲のＰＶは、憧れのトヨタ２０００ＧＴをフィーチャーしています。しかもステアリングを握るのは高田純次さんという理想のキャスティング。ぜひご覧いただきたい。

メーカー名の後、いわゆる車種名が付かずにいきなりスペックを表す２０００ＧＴという言葉がくる。この命名に、トヨタがこの車に懸けた威信を感じますね。

まさに雲の上の車で、オーナーになりたいと考えたことすらない。ずっと、僕の夢の中を疾走しています。

20
PORSCHE 911 TURBO S
-2013-

2013年の終わり、
「最新作が最高傑作」な一台に興奮した。

初代は1964年誕生。最新モデルは8代目。「レーシーかつエレガントなこの車は、そこいらの若造じゃなく、ハゲ上がった親父が乗ってこそ様になるんじゃないかな」と剣さん。

意外かもしれませんが、僕はいわゆるスーパーカーというものに対して、それほど興奮した経験がない。

ただし、ポルシェだけは別格。

初めて知ったのは、1971年に公開された『栄光のル・マン』でした。スティーヴ・マックイーンがル・マン24時間レースに出場するポルシェチームのドライバーを演じるこの映画を見て、しびれましたね。

とにかく、ポルシェにはカッコいい人が乗っているというイメージが強い。日本のサーキットでは、生沢徹さん、滝進太郎さんといったレーサーが颯爽とポルシェを駆っていたし、近所を見渡してみても、お医者さんとか歯医者さんとか、ハイソなプレイボーイがポルシェを愛車にしていることが多かった。

街を歩いていて、偶然、矢沢永吉さんや氷室京介さんがポルシェを運転している場に出くわしたこともあります。CHIBOWさんも乗ってたし、ロックンローラーにはぴったりハマります。

ポルシェの何が素晴らしいって、常に、最新作が最高傑作だということ。なのに、基本のスタイリングは不変で、まったくブレていない。我々も、ミュージシャンとしてそうありたいと共感するところです。

ということで、今回はこの連載としては初めての最新モデル、ポルシェ911ターボSを取り上げます。

キーを回してアクセルを踏んでから、時速100㎞まで達する所要時間が3・1秒、200㎞までは10・3秒。……想像を絶する加速性能です。普通の車のカタログには、こんなスペックは記されていない。それをわざわざ載せるところに、ポルシェならではの強気がうかがえます。

元来、4ドアの車に惹かれてしまう僕ですが、ポルシェは例外。やっぱり2ドアに限る。特に、911シリーズが保ってきたカエルみたいな顔がたまらないんですよ。さらに言うと、僕は「ターボ」という語感にもとにかく弱い。もしこのターボを手に入れることができるなら、プレーンな白が欲しいですね。

この車を運転するシチュエーションとしては、あえて地元ドイツのアウトバーンではないところを選んでみたい。例えば、シンガポールの目抜き通り、オーチャードロードなんかを走ったら最高だろうなあ。

それから、韓国も似合いそう。ついこの間、ソウルの新羅ホテルに泊まったんですが、ちょうどそのとき、別棟の迎賓館でポルシェの展示会が行われているのを見かけました。華麗に着飾ったコリアンセレブが集結し、半端じゃないゴージャスさを醸し出していた。日本のバブル期を彷彿とさせましたね。漢江沿いや江南、梨泰院といった街中はもちろん、田舎道を走るのもいい。妄想するだけで楽しくなってきます。

ただし、肝心のお値段は2446万円。これ一台を買うお金で、ちょっとしたマンションが買えてしまう。現実的に考えると手が届かないけれど、夢を語るのは自由だからね（笑）。そう思う人はCKBの「スポルトマティック」を聴いてみてください!!!

21
TOYOTA COROLLA LEVIN TE-27
-1972-

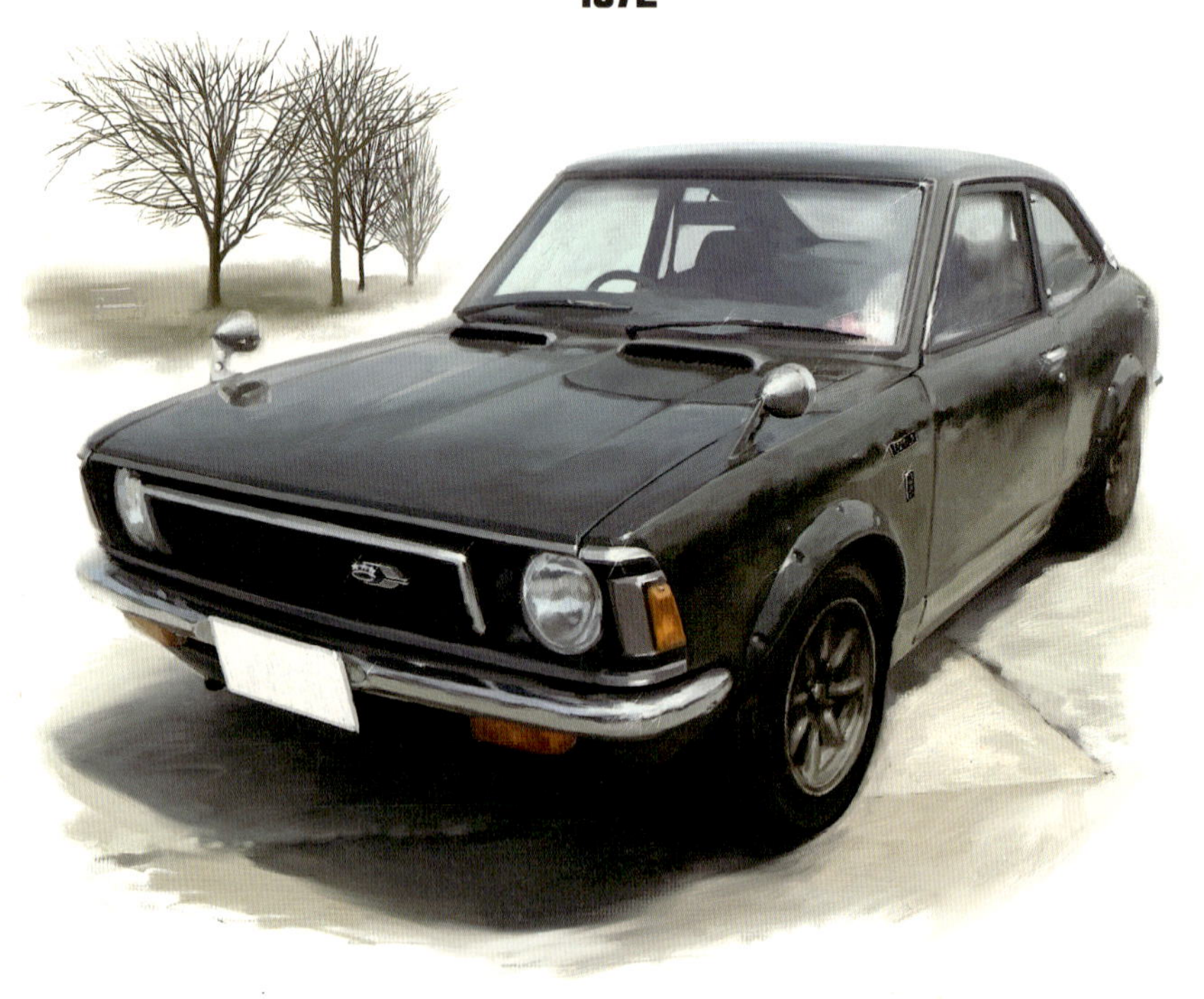

11歳のとき、“煙草を吹かすキティちゃん”
のような車に衝撃を受けた。

1972年誕生。カローラをベースにした小型スポーツクーペ。「通常、ギアは“4”までなのに、この車には“5”があって、初めて見たときにすごく興奮しました」と剣さん。

カローラといったら、言わずと知れた、日本を代表するファミリーカー。1966年のデビュー以来、安心のブランドとして、不動の地位を確立しています。しかし、実は、その長い歴史において、パブリックイメージを裏切るような車種が、カローラというブランドのもとにいろいろと生まれているんです。

'71年には、まずカローラクーペSRが投入される。SRとは、スポーツ&ラリーの略称。これも、名前のとおりなかなかホットなモデルだったんですが、その後、さらにホットなカローラレビンが登場します。'72年に発売された初代のTE-27は、セリカやカリーナのGTにも採用された2T-G型のDOHCエンジンを搭載、さらに、フランスの名門・ソレックスのキャブレーターを標準装備している。しかも、オーバーフェンダーが最初から付いているという贅沢さ。車好きの小学生の間では、とんでもないモデルが出るぞと噂になっていたんです。だから、いざ実物が登場すると、たまらずディーラーまで見に行った。

そこで目にしたのは、濃いモスグリーン——ロッテ・グリーンガムみたいな色のクーペ。ハンドルもシフトレバーも革巻き。しかも、ラジオもクーラーもない。走るだけ。その本気モードにやられました。露骨に嫌な顔されながら、カタログを奪ってきました。

このTE-27、僕の周りの小学生は、口を揃えて「市毛良枝に顔が似てる」って言ってたんですよ。後に〝お嫁さんにしたい女優ナンバーワン〟と呼ばれることになる市毛さんは、当時まだ20歳そこそこ。そんなかわいいかわいい女の子が、オーバーフェンダーなんか付けて、不良になっちゃった！　これは、例えてみるならば、キティちゃんが煙草を吸っている姿を見てしまったような衝撃です（笑）。

この車に初めて乗ったのは、2番目の父親がトヨタカローラの販売店で働いていた頃。下取りで入ってきたレビンに乗せてもらいました。今思えば、コンプライアンス上、そんな車に身内を乗せちゃいけないんでしょうが、おおらかな時代だったんですね（笑）。はらわたまで響くエンジンの重低音、そして素晴らしい加速感に、心から魅了されました。

2T-G型エンジンを搭載した初代レビンは、有鉛ハイオクガソリンを燃料としていた。が、'75年以降、鉛入りのガソリンは法律により禁止されていくんです。

だから今、エンジンを改造せず昔のままのTE-27に乗る場合は、無鉛ガソリンを給油する際、エンジンを保護するための特別な添加剤を入れなくちゃならない。まあ、この車種に限った話じゃないんですけどね。それが面倒かというと——実は、必ずしもそうじゃない。ガソリンスタンドでわざわざ添加剤を入れてみせるという行為は、なかなか気分がいい。葉巻の口をわざわざ刃物で切り落とす儀式に近い気がします。ただ、このダンディズムは、女の子にはまったくもって理解してもらえないんですよね。馬鹿じゃないの、としか思ってくれない（笑）。

この車を乗り回すなら、京浜工業地帯がいいな。特に、川崎あたり。かつて川崎を拠点に活動していたキャロルでも鳴らしながら、工場街を流してみたい。

あとは、同じ工業地帯つながりで、デトロイトのMC5。この車にはラジオすら付いてないので、あんまりクオリティの高くないカーステレオを載せて、プラスチッキーな音質で聴くのが似合いそう。

22
VANDEN PLAS PRINCESS
-1973-

13歳のとき、富士スピードウェイで
“小さなロールス・ロイス”を見た。

1964年誕生。「一緒にダブルジョイレコーズをやっているトニー萩野氏が、2013年11月にバンデンプラス・プリンセスを購入。僕にとっての“高嶺の花”を手に入れたわけです」と剣さん。

バンデンプラス・プリンセスは〝小さなロールス・ロイス〟と呼ばれた英国の名車です。

バンデンプラスは、もともとベルギーで馬車を造っていた名門工房。イギリスに設けられたその支社は独自に高級自動車の製造を手掛けるようになり、1964年には、このプリンセスを発表します。

本国での位置づけとしては、いつもは運転手付きのロールス・ロイスの後部座席に腰を沈めているような階層の人たちが、プライベートな場面で自らハンドルを握る車といったところ。小型車ながら、ハロッズやリッツではベンツより上の扱いを受けると聞きます。

とにかく、ゴージャスな内装が素晴らしい。ウォールナットのパネルに手縫いの牛革シート、そして、フロアには分厚いカーペットが敷き詰められています。特筆すべきは、前の座席の背中に備えられた折り畳み式のピクニックトレー。バックシートに座った人は、これを広げ、ゆっくりドリンクを味わうことができる。アームレストも装備されているし、まるでプライベートジェットに乗ったかのよう。優雅ですね。

犬に例えると、コーギー。イギリス生まれのあの小型犬を、そのまま車にしたようなかわいさがある。

この車は、'73年頃の富士スピードウェイでよく見かけました。とはいっても、レースに出場していたわけじゃない。レーサーや関係者が普段どんな車に乗っているかに興味があった僕は、パドック裏の駐車場を頻繁にチェックしていたんですが、そこには決まって一台のバンデンプラス・プリンセスが止まっていた。

'80年に、僕がローディーを務めていたクールスRCというバンドが、『爆走！ドーベルマン刑事』というドラマにゲスト出演します。その撮影現場には、俳優の夏木陽介さんがこの車に乗って駆けつけていました。さすが、とてもお似合いだったなあ。

’86年には、プリンセスは『POPEYE』の「せっかく買うならコレ、の大カタログ」という特集に取り上げられ、大評判を呼びます。表紙にも写真が掲載されたことからディーラーには問い合わせが殺到、オーダーストップがかかったほどだったとか。その『POPEYE』の誌上で約30年後の今、プリンセスについて語っているなんて、素敵な巡り合わせを感じますね。

やっぱり英国車だけに、ドライブしながら聴きたい音楽はザ・ビートルズ。

初期のロックンロールな時代を好むと思われがちな僕ですが、実は、むしろ『ラバー・ソウル』以降の中期から後期のほうが好きなんですよ。晴れ渡った空じゃなく、曇り空を連想させる曲調に惹かれる。「ストロベリー・フィールズ・フォーエバー」なんかを流しながら、この車を運転できたら気分が盛り上がりそう。

ザ・ビートルズのみならず、ブリティッシュロック全般がハマる。こういうクラシックなインテリアの車だからこそ、あえてヒップに乗りこなすのが粋ですね。

東京ならば、大田区の雪谷や洗足池あたりを走らせてみたい。庭に松の木が植わった古いお屋敷が並ぶ街並みに、このルックスがすごく馴染むと思います。

バンデンプラス・プリンセスは、あくまでもセカンドカーとして日常の足に使うのがカッコいい。英国の感覚では、この車一台しか持っていないというのは、本宅がないのに別荘だけ持っている人みたいで、奇妙に思われちゃうんじゃないかな（笑）。値が張るから、一台目に買うとしても高嶺の花なんですけどね。

23

MASERATI A6 GCS

-2011-

51歳のとき、日常の中に
ワープ感を生み出す車に目まいがした。

1948年誕生。創業者であるマセラティ兄弟が、会社を離れる際に残した遺産のひとつ。「イタリア車のソウルパワーというか、"念"のようなものを醸し出している一台」と剣さん。

マセラティA6 GCSシリーズ1は、堺正章さんの愛車。1948年に生産されたイタリア車の傑作です。2011年、堺さんのガレージに招かれ、初めてこの車を見たときは、それは興奮しましたね。

クレイジーケンバンドが1999年に発表した「インターナショナル・プレイガール」という楽曲には、ヒロインとともに世界を駆け巡るもう一人の主役として〝マタドール・レッドのマセラティー〟が登場します。ところがこのA6は、自分が脳内に描いていたマセラティ像をはるかに超えるインパクトを持っていた。

本来なら博物館に飾られていてもおかしくないような名車が、きちんとメンテナンスを受けて動態保存されている。その様子に感銘を受けましたね。

堺さんの運転するこの車が井の頭線の踏切を渡るのを見た瞬間は、現実離れしたレーシングカーが日常の中に出現したワープ感に、目まいすら覚えました。

堺さんは、この車で国内外の錚々たるクラシックカーレースに出場しています。特に、'11年の『ラ フェスタ アウトゥーノ』（現『ラ フェスタ ミッレミリア』）では、84台が参加する中、総合6位という成績を収めている。このイベントは、イタリアで毎年行われている世界的なラリー『ミッレミリア』の日本版。原宿を起点に、東日本の風光明媚な地を走るというもの。堺さんはといえば、本家イタリアの大会にも何度となく参戦し好成績を残しているんだから恐れ入るばかりです。

そもそもレース仕様に作られているから、このマセラティはめちゃくちゃ運転が難しい。特にクラッチコントロールは恐ろしくって、坂道発進は地獄（笑）。こんな車を乗りこなす堺さんはすごい！ ゴルフやらせてもクレー射撃やらせてもテーブルクロス引かせてもプロ級なんだから、もう嫌になっちゃう。

実は、堺さんが免許を取得したのは意外と遅くて、30歳頃のこと。合格を果たした試験場からは、あらかじめ手配していたメルセデス・ベンツSLを運転して帰ってきたという伝説もあるとか（笑）。

ちなみに、ジャミロクワイのジェイ・ケイも、これとは別の型のマセラティA6 GCSを所有していると聞きます。フェラーリだけじゃないんですね（笑）。

この車は、日本の風景に馴染むんじゃないかな。というのも、剣道の面や相撲の行司が持つ軍配を思わせるフロントグリルからは、和の雰囲気を濃厚に感じるんです。着流しにボルサリーノが似合うように、イタリア車には日本的情緒との親和性がある。

そうだ、『ラ フェスタ プリマヴェラ』という『ラ フェスタ ミッレミリア』の関西版レースのコースを、A6で走ってみたい。名古屋の熱田神宮からスタートして、伊勢神宮、熊野本宮大社、橿原神宮、比叡山、平安神宮という霊験あらたかなルートを巡り、京都にてゴール。神社仏閣のひんやりした空気感は、真っ赤なマセラティにぴったり。竹林の中を走り抜けたりしたら、最高の気分を味わうことができそう。

堺さんみたいに、本国イタリアで運転するのも楽しいでしょうね。残念ながら僕は、イタリアにはほんのちょっとしか足を踏み入れたことがない。フランスのコート・ダジュールから国境を越えたはいいものの、その直前にモナコで食べた牡蠣にあたり、吐き気がしてきたからすぐに引き返しちゃった（笑）。いつか、マセラティでゆっくりドライブしたいものです。

24
TOYOTA 1600GT
-1968-

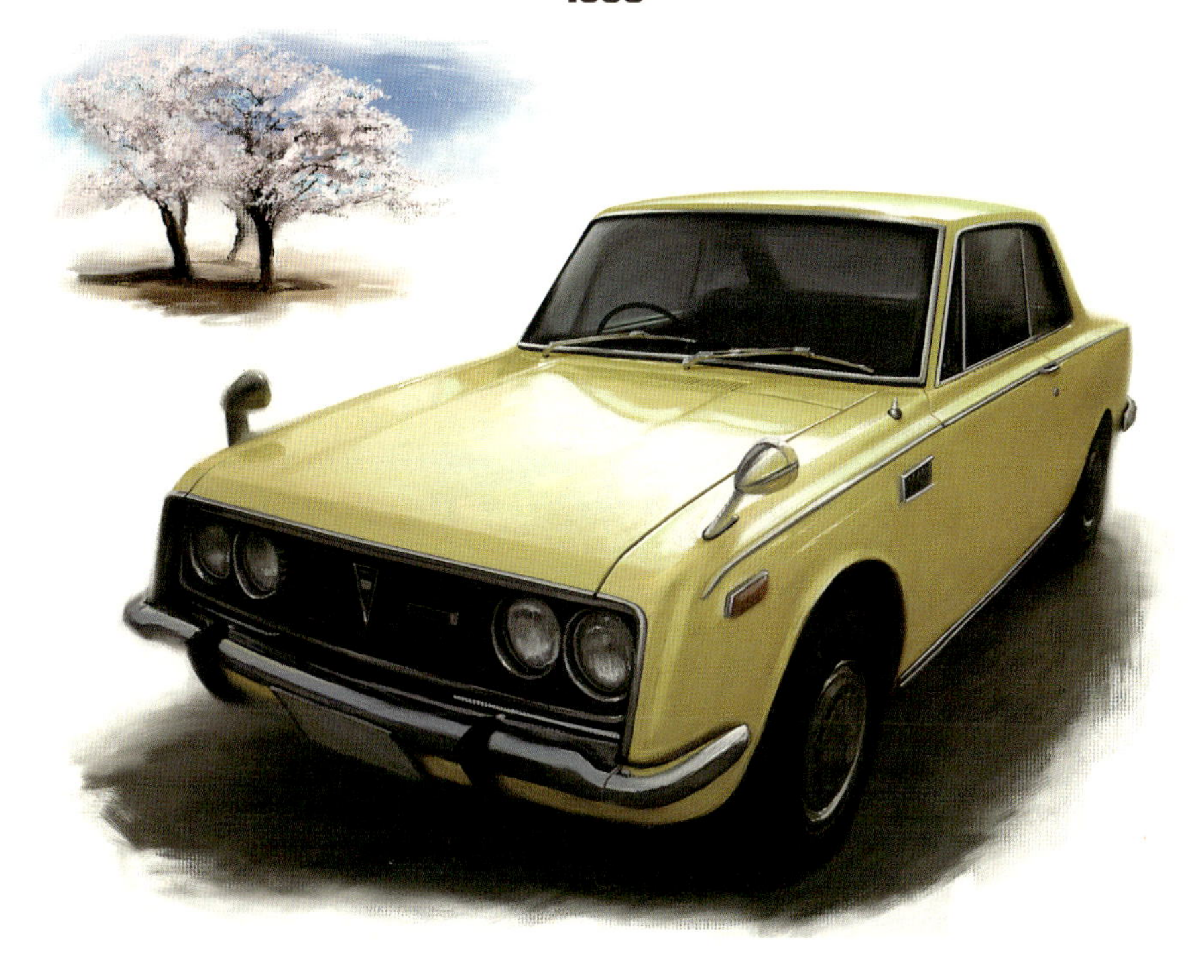

8歳のとき、わずか13か月で消えゆく運命の
レアな車を目撃した。

1967年誕生。ボディなどがコロナとほぼ同一なので“コロG”とも呼ばれる。「かわいい系の顔で突っ張ってる感じの車。斜め後ろから見たときのラインがたまらなく好き」と剣さん。

トヨタ1600GTは、1967年8月の発売開始からわずか13か月で生産が終了してしまった希少な車種。

街を走るこの車を目撃した8歳の僕は、てっきり、コロナのホットなバージョンでも登場したのかなと勘違いしていた。それもそのはず、ボディとプラットフォームはコロナハードトップとほぼ同一のものを使っている。本当は1600GTという車種だった事実を知ったのは、9歳を迎えてからのことでした。

初めてハンドルを握る機会に恵まれたのは、つい最近。とある車雑誌から、試乗したい車を挙げてほしいという要請があった際、この1600GTをリストアップさせてもらったんです。トヨタならではの、マイルドな乗り味を堪能することができましたね。とにかく、運転のしやすさは抜群。

この車は、レースでも結構活躍していました。

'69年に開催された「JAFグランプリ」では、高橋晴邦さんの駆るトヨタ1600GTが篠原孝道さんの日産スカイライン2000GT-Rを振り切って首位を獲得した。……と思いきや、ゴール後になって走路妨害を行ったと判定が下され、残念ながら3位に陥落してしまう。今も語り草となっているエピソードのひとつです。

結果はとにかく、排気量の差が400ccもある車と互角に戦ったという事実は、特筆されるべきだと思う。

高橋さんは、昔でいえばオックスの野口ヒデト（現・真木ひでと）さん、今ならKis-My-Ft2の藤ヶ谷太輔君と同じ系列の顔立ちのイケメンです。僕は、ファンクラブに入るほど、彼のことが大好きでした。

1600GTは、富士山の裾野、須走あたりをシャーッと走り抜けるのが似合いそう。自分が運転するよりも、その姿を遠くから双眼鏡で眺めてみたい。アフリカのサバンナで、ヒョウなんかを観察する感覚ですね(笑)。いっそのこと、ウォッチングの対象となるドライバーには、サファリジャケットに身を包み、首から一眼レフをぶら下げていただきたいもの。

あ、そうだ! 実は、僕が勝手に抱いたこの車のイメージにぴったりの歌が存在するんですよ。タイトルはずばり、「アフリカ象とインド象」(笑)。

昭和のディーバ、朱里エイコさんが歌うこの楽曲では、ミシェル・ルグラン顔負けの流麗なサウンドにのせ、首都高をドライブするカップルの様子が描かれる。今度インド象を撮りに行くんだと嬉しそうに語るカメラマンの男性に対し、女の子は、アフリカ象とインド象の違いなんて何が面白いのと白けるばかり。

僕の目には、サファリジャケットを着たカメラマンと1600GTの映像がはっきりと浮かびます(笑)。

この曲は、'73年に発表された『パーティー』というアルバムに収録されている。これは、世界の冨田勲がすべての作曲を手掛けた名盤。必聴ですよ!

いつか僕も、「アフリカ象とインド象」を聴きながら、1600GTを走らせたい。そうだ、せっかくなら、富士サファリパークにでも行ってみたいな(笑)。

25

CADILLAC CONCOURS '96

-2002-

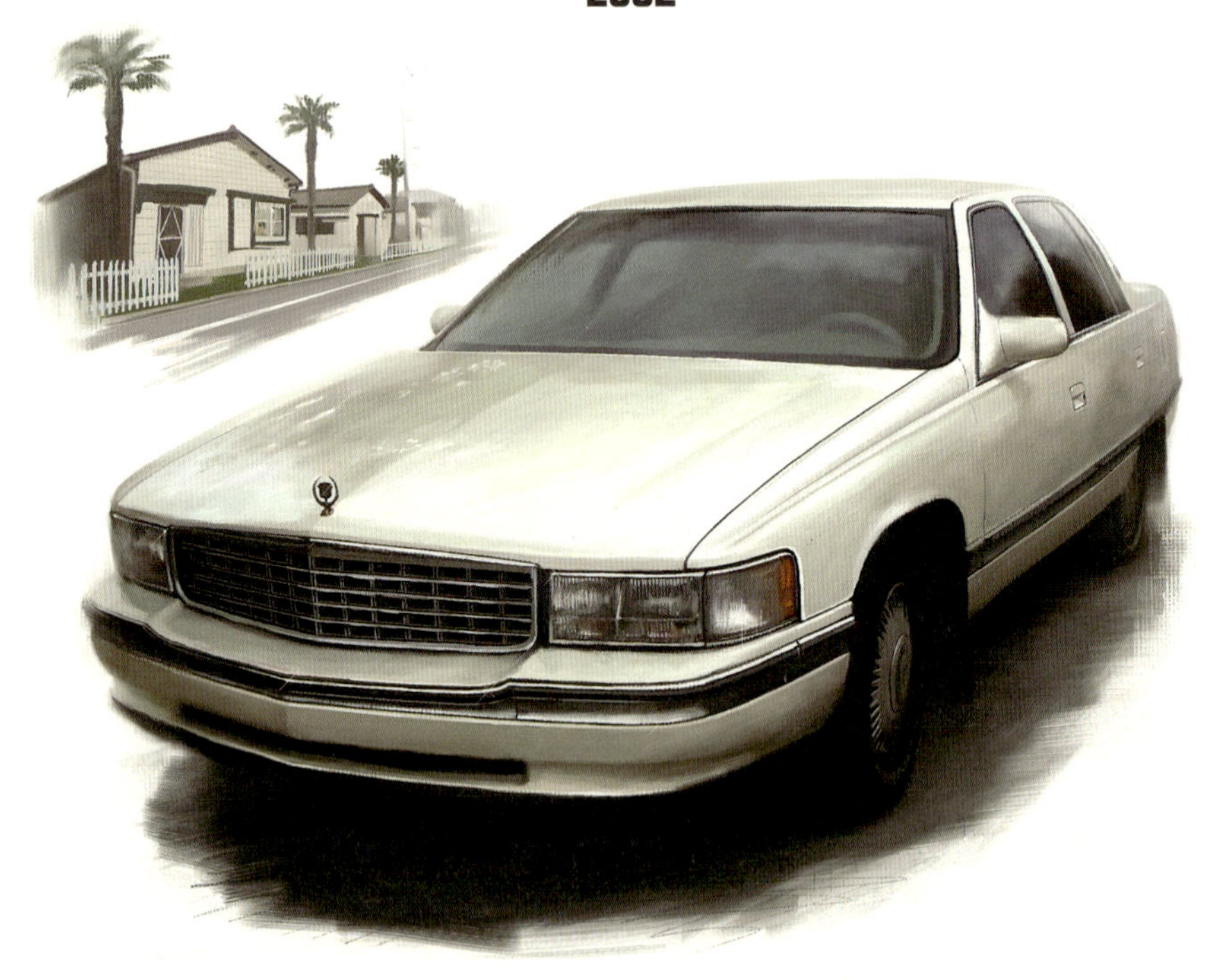

42歳のとき、大瀧詠一さんと偶然出会い、
キャデラックの魅力を知った。

剣さんが購入したのは'99年型だが、上のイラストは'96年型。「後輪の上の部分が隠れている感じとか、デザイン的に'96年のほうが好き。完璧な状態の'96年型にいつか乗ってみたい」

あれは2002年頃のこと。

当時所属していたレコード会社、Pヴァインで何か用事があったときだったと思います。音楽評論家の湯浅学さんと談笑しながら代々木八幡の狭い道を歩いていたら、黒くてでっかいキャデラック・フリートウッド・ブロアムがふと僕らに近づいてきた。

スモークのかかった運転席の窓がスーッと開き、顔を出したのは、大きなグラデーションのサングラスをかけたパーマの男性。湯浅さんと二言三言交わしたかと思うと、静かに去っていった。

「あれ、誰だったんですか?」と聞くと、「大瀧詠一さんじゃない」と返された。驚きましたね。恥ずかしながら、全然気づくことができなかった。湯浅さん曰く、大瀧さんがキャデラックを愛車にしているのは、車内の音響が抜群だから。その話を聞いて僕が買ったのが、キャデラック・コンコースの1999年型。フリートウッド・ブロアムより一回りコンパクトな車種ですね。確かに、オーディオの鳴りは最高でした。思い切りボリュームを上げても音が割れないし、その大音量が車外に漏れたりすることもない。

この車には2年ぐらい乗りましたが、運転しながら聴くのは、ブラックミュージックが多かった。古いドゥーワップやスウィートソウル、そして、リアルタイムのR&Bだったジョン・レジェンドやミュージック・ソウルチャイルド。その手のサウンドが、ちょうどいい感じに、マイルドに響くんです。

そんな環境から生まれたのが、クレイジーケンバンドの『777』というアルバム。'03年にリリースしたこの作品には、夕暮れ時の風景が似合うスムースな曲調のナンバーが数多く詰まっている。考えてみれば、

ＣＫＢのアルバムには、そのときに自分の乗っていた車がいつも大きな影響を与えていますね。

ちなみに、キャデラックのことを、小さい頃の僕は〝お耳のブーブー〟と呼んでいました。'60年代当時のキャデラックはテールフィンが巨大だったから、それが子供には耳みたいに見えたんですよ（笑）。

ＣＫＢには、「ミッドナイト・ブラック・キャデラック」という音源化されていないレパートリーがある。横浜・長者町にあるライブハウス「フライデー」に出演したときのみ演奏される楽曲なので、もし機会があったら、ぜひリクエストしてみてください。

キャデラックといえば、'13年、アメリカのモーターショーで発表されたエルミラージというコンセプトカーにはしびれましたね。この大柄なモデルには、クラシックな未来感がある。'60年代にアメ車を見て覚えた「何だこれ！」という興奮が、久々に蘇りました。あのとき、たまたま代々木八幡で大瀧詠一さんに出会わなければ、キャデラックの魅力を再確認することはなかったと思う。感謝したいですね。

実を言うと、自分が現在、音楽の仕事に就いているのも、大瀧さんの影響が大きい。

中学時代、僕はＣＭ音楽の作曲家になりたいと思っていたんですが、そのとき一番気になっていたのが、三ツ矢サイダーのＣＭソングだった。しばらくたってから、その曲を手掛けたのが大瀧さんだと知りました。ＣＫＢの結成後は、大瀧さんがラッツ＆スターに提供した「Ｔシャツに口紅」をカバーする機会にも恵まれた。それだけに、'13年の急逝は残念でした。

大瀧さんの冥福を、心よりお祈り申し上げます。

26

DATSUN 710

-1973-

13歳のとき、
幸薄いがゆえに愛おしくなる一台を知った。

1973年に日産バイオレットとして誕生。「海外でダットサン710を見るのは、洋画で日本人俳優を目にする感覚に近い。吹き替えで英語を話している、あの不思議な感じ」と剣さん。

小学4、5年生の頃、僕は、日産パーレレットという名の架空の車種を唐突に思いついた。デザイン画も描いて、さらにはコマーシャルまで妄想したんです。

そのCMにキャスティングしたのは、団次郎だったか谷隼人だったか、とにかく、その手のエキゾチックなマスクの男性。相手役には、パリコレにでも登場しそうな女性を起用しました。髪型はもちろんボブ。そのふたりのバックに、流麗な音楽が流れる（笑）。

そんなことを考えてからしばらくたった頃、日産からバイオレットという新しい車が発表された。これは絶対自分のアイデアが影響してるなと思いましたね。パーレレットと共通してるのは「レット」の部分だけなのに。そもそも、日産の人がどこでパーレレットのことを知ったのかという話なんですけどね（笑）。

1973年に発売されたバイオレットは、ブルーバードから派生した車種。これが、カッコいいのかカッコ悪いのか判断に困ってしまうスタイリングだった。何だかプラスチックなフロントの表情、わざわざ後方視認性を阻害するようなリアのデザイン、そして、全体的にひん曲がっちゃったようなボディ……。しかし、なぜか妙に心に引っかかる。

ちなみに、'76年に刊行された徳大寺有恒さんによる大ベストセラー『間違いだらけのクルマ選び』の第1弾では、こんな車に100万円も出す人がいるなんて不思議だとまでこき下ろされています。

ただ、ひとつ弁護しておきたいんですが、この車の2ドアクーペは、レースでは結構活躍したんですよ。'74年には、マレーシアで行われたスランゴール・グランプリという大会で、高橋国光さんの乗ったバイオレットターボが優勝を飾っています。

国内では不遇な運命を辿ったこの車に対する僕の視線がガラリと変わったのは、19歳のときのこと。その頃の僕は、クールスというバンドのスタッフと、そのリーダーである佐藤秀光さんが青山の『紀ノ国屋』そばで経営していた『チョッパー』という洋服屋の店員を兼任していました。『チョッパー』の社員旅行として出かけたのがグアム。そこで目にしたのが、初代バイオレットの北米仕様であるダットサン710だった。

グアムの空の下では、DATSUNというエンブレムを付けた肌色の車体が、めちゃくちゃカッコよく見えた。しかも、その車はいわゆるハミタイ。太すぎるタイヤが、フェンダーから大きくはみ出している。その瞬間からぞっこんになりましたね。いつか手に入れてやろうと決意した。だけど、この車って、日本で見ると、単なる日本車なんですよ。海外で感じたマジックが途端に消え失せる。

実際、僕もこの車を代車として運転したことがあるんですが、グアムで見たときとは違ってまったくときめかなかった。おんなじ車なのに不思議ですね。

バイオレットには、オースター、スタンザという姉妹車が存在しました。まあ、この三姉妹は揃いも揃ってみんな微妙（笑）。僕は、そういう車のことを、愛情を込めて、アメ車ならぬダメ車と呼んでいます。

最初から好事家のニーズを狙っていればもうちょっと居場所もあったと思うんだけど、バイオレットの場合、日産が堂々と自信を持って送り出したのに、世間はその思いを受け入れてくれなかった。少女隊とか、セイントフォーとかを連想させますね（笑）。幸薄いからこそ、余計にかわいく思えてきます。

27
ALPINE RENAULT A364 NISSAN
-1974-

14歳のとき、個人宅のガレージに潜む
端正なレーシングカーに心躍った。

アルピーヌ・ルノーをレーサーの谷口芳浩氏が購入してレーシングカーに。「トリコロールと、ヨコハマタイヤGTスペシャル、レナウン、ジョンブルのロゴがいいね！」と剣さん。

中1から中3にかけて、僕は、今はもうなくなってしまった遊園地、横浜ドリームランドの隣にあるドリームハイツという巨大な団地に住んでいました。

国鉄の最寄り駅である戸塚駅とこの団地を結ぶバスに乗って車窓から沿道を眺めていたら、ある家のガレージが目に留まった。少し開いたシャッターから、レーシングカーと思わしきシルエットがのぞくんです。バスがその前を通りかかるたび、気になって気になってしょうがない。これはもう確かめるしかない。ついにある日、自転車で現地に駆けつけました（笑）。

驚いたことに、その家は、当時人気だった谷口芳浩さんというレーサーの自宅だった。ちょうど、ご本人がマシンを整備しているところだったので、恐る恐る「谷口さんですよね」と声をかけたところ、「はーい、そうです」と笑顔で握手してくれました。突然訪れた中学生に、嫌がることもなくサインしてくれたりステッカーをごっそりくれたり、本当にいい人でしたね。そのガレージにあった車が、アルピーヌ・ルノーA364ニッサン。ルノーの車体に日産のエンジンを搭載した、混血のレース専用車です。

自分にとっての憧れのスーパースターと、まだ雑誌でしか見たことのないレーシングマシン。家の近所で、期せずしてその両者に出会ってしまった。盆と正月が一緒に来たような喜びに打ち震えましたね（笑）。

谷口さんが「アルマジロGTスペシャル」と名づけたこの車は、FJ1300というカテゴリーで活躍しました。F1を頂点とする、さらに上のカテゴリーを目指すドライバーがしのぎを削る場だったから、非常に見応えがあった。何台もの集団によるドッグファイトなど、迫力に満ちたレースが繰り広げられていました。

１９７５年５月に僕が富士スピードウェイで見た日本グランプリでは、アルマジロを駆った谷口さんは見事５位に入賞。その直後、パドックで出くわした僕をギュッとハグしてくれたことは忘れられません。同年の７月には、谷口さんの引退レースとなった富士フォーミュラチャンピオンレースも、同じサーキットで見ています。この最後の大舞台で、谷口さんは２位を獲得し表彰台に立った。胸が震えましたね。

当時は、トヨタや日産といったメーカーのチームに所属することなくレースに挑む、いわゆるプライベーターが登場し始めた頃。谷口さんはその先駆者でした。

彼らは、自らスポンサーを募り、そのロゴを車体にプリントして大会に出場する。谷口さんのスポンサーの一社だったジーンズブランドの〈ジョンブル〉は、後に、クレイジーケンバンドの後援者にもなります。地元岡山でのコンサートを主催してくれたり、カタログやポスターのモデルとして僕を起用してくれたり……、この奇縁には、自分でもびっくりしましたね。

フランス車であることを強調したこのトリコロールもたまらない。ＦＪ１３００にはスタイリッシュな色合いのマシンが少なかったので、この車はかなり目立っていた。そこに、俳優顔負けの端正な顔をした谷口さんが乗り込んだから、それは惚れ惚れしたものです。

アルピーヌは、公道を走る市販車、通称ハコ車もカッコいい。こちらはラリーに強みを見せた。

そのデザインには、動物的な魅力があるんですよ。モグラにも似た、ブルーメタリックのアルピーヌＡ１１０が街をサッと走り抜けていく姿を見たことがあるけれど、何ともカッコよかったな。

28

CADILLAC CTS

-2014-

先日、昼は父親、夜はプレイボーイという
チャーミングな新車を手に入れた。

初代CTSは2003年誕生。剣さんが購入したのは2014年4月から日本での販売がスタートした3代目。「顔がすごく好み。シティコミューターとしても最高の一台です」

２０１３年の暮れ、大瀧詠一さんが亡くなった知らせに接してから、この大先輩の愛車のことが、ずっと頭から離れませんでした。大瀧さんが乗っていたのはキャデラック。理由はズバリ、車内の音響が抜群だから。

僕が日常の足に使っているメルセデスＥ５５ ＡＭＧも乗り始めてから10年を経ていたし、ちょうど買い替えの時期かなと感じていました。次はキャデラックがいいかなと思いつつ、中古にせよ新車にせよ、ピンとくるモデルに出合う機会がなかったんです。

そんな折も折、ちょうど日本での発売が始まったのが、キャデラックＣＴＳのニューモデル。

２回ほど試乗して、購入を決めました。まっさらな新車を買ったのは、かれこれ10年ぶりのこと。納車されたＣＴＳは新車特有の内装の匂いと興奮を僕に届けてくれました。

３代目ＣＴＳは、アルミニウムやマグネシウムをボディに取り入れたことによって、ひとつ前のモデルより１００kgも軽くなった。その半面、剛性は40％も強化されているというから頼もしい。この手のアメ車にしてはエンジンが２０００ccと小さいんだけど、ターボをかぶせているから、目の覚めるような加速ぶりを見せる。

ヨーロッパ車とは違って、ラフでタフ。アメ車の魅力は、気を使わずに乗れるところにありますね。

内部の装備も、実にコンフォータブル。

シートに腰を沈めた瞬間、やっぱりこれはキャデラックだなと思わせる伝統的質感があるんです。

面白いのがメーターパネル。計器はすべて液晶で表示されるから、クラシックだったりデジタルだったり、自分好みの雰囲気に変えることができる。

安全対策も万全。衝突の可能性を察知すると、ドライバーが座るシートの危険が迫った側をブルブルッと振動させて、注意せよとアピールしてくれるんです。まるで未来の自動車みたい（笑）。

そして、キャデラックを選ぶきっかけになった音響面ですが、ＢＯＳＥがこの車専用にあつらえたサラウンドシステムが、とても素晴らしい。ブルートゥースでデータを飛ばせるから、ｉＰｈｏｎｅなんかを持ってたらほんとに便利。……とか言いながら、僕はいまだにガラケーしか持ってない人間なんですが（笑）。

この最高の環境で聴きたいのは、最新の洋楽。高校１年生の長女は今、アリアナ・グランデが大好きなんです。娘と一緒に乗ったときに、そういう音楽がどんなふうに聴こえるのか、とても興味がある。

昼は家族思いのいいお父さんとして、夜はまだまだ現役のプレイボーイとして、二面性を持ったチョイ悪な使い方ができそうですね（汗）。

テレビ局に行ったりすると、俳優やタレント、ミュージシャンなどの方々が駐車場に止めている車は、メルセデスだったり、ＢＭＷだったり、はたまたポルシェだったりすることが多くて、キャデラックはあまり見たことがない。そういう意味でも、何かチャーミングかなと。

29
MAZDA BONGO
-1966-

6歳のとき、「家族仲良くキャンプへ」を夢想させる
ワンボックスカーに出合った。

1966年誕生。商用をメインとしつつ、この車でキャンプする家族がイメージビジュアルに使われたりも。「若い人がボンゴでサーフィンに行ったら、最高にオシャレ」と剣さん。

僕が通っていた日吉のプリンス幼稚園に、ある日、NHKの人気番組『ひょっこりひょうたん島』でも知られる人形劇団「ひとみ座」がやってきました。その彼らの乗っていた車が、1966年にマツダから発売されたばかりのワンボックスカー、ボンゴだった。

ツートンの未来的なルックスは、日本車とは思えない。一目見て、夢のような車だと感激しましたね。8人乗りのボンゴは、まさにキャンピングカーというイメージにぴったり。ヨーロッパみたいな長いバケーションを取り、この車に家族みんなを乗せてキャンプに出かける将来の自分の姿を思い描きました。

初めて乗ったのは、小学校に入ってから。近所に住む大工さんの愛車でした。その世話好きなおじさんが、休日に子供たちを集めて二子玉川園だったか、こどもの国だったかに連れていってくれたんです。おじさんがボンゴを選んだ理由にお洒落な意味合いは微塵もなく、ドアには「〇〇工務店」と書いてあった（笑）。

まあ、そういう身も蓋もない実用本位のセンスも、実を言うと嫌いじゃないんですけど。ワンボックスって、やっぱり便利ですしね。ワンボックスといえば、'88年、僕は当時組んでいたE.R.D.というバンドの楽器車として中古のトヨタ・ハイエースを購入します。以前は日教組の公用車だったらしく、ドアのところに、日教組の略号である「JTU」という文字がでっかくプリントされていた。珍しいかと思って、そのまんま使っていましたけどね（笑）。

今の僕も、ファミリーカーとしてトヨタ・エスティマ ハイブリッドを愛用しています。何しろ、妻一人に子供三人、そしてチワワ一匹を抱えていると、ワンボックスじゃなきゃ収まらない。時にはそこに、じいじ、ばあばまで加わるから。だけど、かつてボンゴを目にして夢見たように、この車でキャンプに繰り出したことは一度もない。年とともにアウトドアに対する興味は薄れますね……。

意外に思われるかもしれないけど、僕、昔はアウトドア派だったんですよ。中学生の頃は、ブリヂストンのロードマンというスポーツサイクルにまたがって、横浜の実家から遠く山中湖までキャンプに出かけていた。しかも、飯盒やらテントやら全部自転車で運んでたんだから、今思えば信じられないほど元気でしたね。でも、その帰りには、あまりの疲れに生まれて初めて居眠り運転しちゃいました。自転車なのに（笑）。

真面目な仲間たちと健全に過ごすその一方では、悪いグループを率いて『イージー・ライダー』みたいなチョッパーの自転車を乗り回し、チャリンコ暴走族としての活動にも精を出していたわけですが（笑）。

'77年にモデルチェンジした2代目以降のボンゴはごく普通のバンのルックスに落ち着いてしまう。僕が惹かれるのは、あくまでもこの初代なんです。

この車で、箱根や鬼押出し、志賀高原といった行楽地に行きたいなあ。街にも似合う。代官山の旧山手通り、ヒルサイドテラスやT-SITEの前の路上に止まってたりするのもカッコよさそう。

車の中で聴きたいのは、メロディがきれいでビートの強い音楽ですね。例えば、イタリアに生まれフランスで活躍したソウルフルなシンガー・ソングライター、ニノ・フェレールとか。彼の「レ・コーニション」という楽曲はピクルスについて歌っているらしいから、ピクニックへ向かう車内にはうってつけですね（笑）。

30

VOLKSWAGEN KARMANN GHIA

-1978-

18歳のとき、太陽の日差しが似合う、
色気のあるドイツ車に夢中になった。

1955年誕生。イラストは剣さんが魅了されたタイプ3で、'61年に発売された。「音楽でいうところのレア盤みたいに、自分の中で急激に再評価中の一台ですね」と剣さん。

1970年代後半に一世を風靡した元祖グラビアアイドル、アグネス・ラムをご存じでしょうか。中国系アメリカ人の彼女が、生まれ育ったオアフ島で乗っていた車がフォルクスワーゲン・カルマンギア。だから、僕にとってこのスポーツカーは、ドイツ車でありながらもハワイのイメージと結びついています。イタリアのギアというスタジオがデザインを手掛け、ドイツのカルマンという車体メーカーがボディを生産したことからその名が付けられたカルマンギアは、1955年から市販が開始されました。

歴代のカルマンギアの中でも僕が夢中になったのは、'61年に登場したタイプ3。

18歳の頃から、僕はクールスというバンドのスタッフを務めていました。そのボーカルだった村山一海さんの愛車が、レモンイエローのタイプ3だったんです。この車種の伝統であるモグラっぽさを残しつつ、シャープさを増した色気のある顔つきにたちまち惹かれました。何回か、借りて運転したこともあります。

ムラさんには、お金が貯まったらこの車を売ってくださいとお願いしていたんですが、ある日、想像もしていなかったとんでもない事態が訪れた！

当時、クールスのリーダーである佐藤秀光さんは、バンドのかたわら、青山で『チョッパー』という洋服屋を経営していました。僕も店員として手伝っていたその店のお客さんを招待した謝恩パーティが、新宿の『ツバキハウス』というディスコで催されたんですが、そこで行われたビンゴ大会の1等の賞品が、何とムラさんのカルマンギアだった！（笑）。

唖然としましたね。ずっと狙っていた車が、目の前で他人の手に渡ってしまうんだから。でも、当選した本人は免許を持っていなかったらしく、結局車はムラさんに返したらしい。その後どうなったのか……。相手の都合も考えず、いきなり車を——しかもこんなにマニアックな代物をプレゼントすること自体、だいぶ乱暴な企画だと思うんですけどね（笑）。

現在、CKBでトランペットを吹いている澤野博敬君は、'90年代初頭に僕が率いたCK'sという大所帯のファンクバンドにも参加してくれていた。その頃の彼は、'59年型のカルマンギアに乗っていたんですよ。一度は第三京浜の都筑インターでガードレールに衝突して全損したものの、その次も懲りずに同じ型のカルマンギアを買った。尋常ならぬ愛着がうかがえますね。

カルマンギアの車内で耳を傾けるなら、やっぱり、アグネス・ラムからの連想でビーチっぽい音楽がいいと思う。そう、ビーチ・ボーイズなんかぴったりじゃないかな。しかも、ちょっとオタクっぽい暗さを湛えた『ペット・サウンズ』あたりが似合いそう。

少しうつろな表情を浮かべたドイツ車が、ハワイやカリフォルニアの海岸を走る。相反する個性が出合って生まれるメロウな感覚に、魅了されてしまいます。

31
MAZDA SAVANNA RX-3
-1971-

11歳のとき、
別格の刺激を直感させる一台に浮き立った。

1971年誕生。サバンナRX-7の前身にあたるRX-3。「マツダの車にはセ・リーグに対するパ・リーグのような自由度を感じる。メジャーにちょっと斜めから攻める感じ」と剣さん。

とにかく、その登場を知らせるCMが刺激的でした。コピーは「直感、サバンナ」。小学5年生の僕は、このとき、初めて〝直感〟という言葉を知りました。映像を見る限りでは、はっきりと車の形もわからない。だけど、なぜかハラハラワクワクさせる。

それにつられ、矢も盾もたまらずマツダのショールームに駆けつけてみると、カタログもゴージャス。表も裏も鏡面仕様で、子供の目から見ても、相当お金がかかっていることがわかる。車そのものを買える年齢じゃないから申し訳ないと思い、普段なら平気で2、3部もらうところを1部に抑えておきました（笑）。

カタログには、細かいスペックが記されているわけじゃない。醸し出される雰囲気を何よりも優先したその戦略は、デビュー時のキャロルにも共通する部分が大きい。彼らは、プロデューサーにミッキー・カーチス、カメラに篠山紀信と、錚々たるブレーンを揃え、確固たるイメージを打ち出していましたから。考えてみれば、永ちゃんもマツダも出身は広島だった。そこには、何か通底するものがあるのかな。

その日、ディーラーで行列をつくって順番を待った末、この車の運転席に身を沈めた際に覚えた興奮は、他のどんな車とも違う別格のものでした。そこは、「いいの、こんなもの売っちゃって？」と思うほどに挑戦的なつくりのコックピット。細かな計器類が目の前に並ぶその様子は、自動車というより戦闘機のようだった。

1971年にサバンナRX-3がデビューしてから、カーレースの世界では、日産対マツダという図式が生まれたんです。それまで、トップ争いは日産対トヨタ一辺倒だったところに、一大地殻変動が起こった。時代によって、そのマッチングはスカイラインGT-R対サバンナだったりフェアレディZ対サバンナだったりしましたが、ほぼサバンナが圧勝していました。

その頃、サバンナなどのマツダ車を駆ってサーキットに現れたのが、中嶋悟さん。後に日本人初のF1フルタイムドライバーとして大活躍する、あの中嶋悟さんです。F1にはもっぱらホンダのマシンで参戦していたから、一般にはマツダのイメージは薄いかもしれませんね。地元である愛知県岡崎市の「碧南マツダ」というチームに所属していた中嶋さんは、スピーディかつアグレッシブな走りが持ち味だった。確実に、見せるということを意識したプロの仕事でしたね。観客の目を楽しませながらも、ステディで、事故が少ない。

サバンナに乗るレーサーは、みんなナポレオンミラーと呼ばれる砲弾型のフェンダーミラーをボンネットに付けていたんだけど、中嶋さんは、市販車そのままの地味な平型ミラーを使っていました。斜に構えたそのいなせな感じが、ちょっと不良っぽくってカッコよかった。当時、レーサーというとお坊ちゃん風の高貴な雰囲気のキャラクターが多かった中、異彩を放っていましたね。僕らも親しみが持てる小柄なとっぽい兄ちゃんがF1まで登り詰めるとは、意外でした。

もしサバンナのステアリングを握るなら、その名前にちなんで、ずばりアフリカのサバンナを走ってみたい。理想のBGMは、オリジナル・ラブの「LET'S GO!」。'93年にリリースされたサードアルバム『EYES』の冒頭を飾るナンバーです。田島貴男さんのワイルドな歌声を聴きながら、シマウマやキリンが駆け抜ける風景の中、この車の魅力を〝直感〟したいもの。

32
TOYOTA PROGRÈS
-1998-

38歳のとき、「先生」と言われる人の
愛車に相応しい一台と出合った。

1998年誕生。開発当初は「ニューロン」の名で販売される予定だった。「このネーミングのほうが人気が出ていたかも。乗ったらいい車だってわかるからもったいない！」と剣さん。

この車を初めて目にしたのは、1998年のこと。

当時、僕は、杉並の堀ノ内にあった「グリーン・バード杉並」というスタジオでクレイジーケンバンドのアルバムを録音していました。ある日、いつものようにレコーディングに訪れると、その駐車場に、一台の見慣れないシャンパンゴールドの車が止まっている。

エキゾチックな顔立ちに、まったく見たことのない「P」をモチーフにしたエンブレムが掲げられていた。高級車そのものの外観でありながら、サイズはコンパクト。それでいて中をのぞくと内装も趣味がいい。

直感的に、欲しい！と思いました。

調べてみると、この車はプログレという名のトヨタ車であることがわかった。ベンツにおけるCクラスやBMWにおける3シリーズにあたる、小さな高級車の路線を狙ったんでしょうね。ただ、高級車＝大きい車という通念が根強く浸透した日本では、そのコンセプトは受け入れられなかった模様。登場から9年後の2007年に、生産は終了してしまいました。

小さいゆえの欠点としては、乗ってる人がやたらと大きく見えるんですよ。そこが様にならない（笑）。

ちなみに、グリーン・バード杉並は、老舗レコード会社のテイチクが所有してきた歴史あるスタジオ。創業は何と昭和9年までさかのぼります。館内には、ティンパニ、ティンバレス、ビブラフォン、マリンバ……、昭和のバンドマンが使ったであろう楽器がずらりと揃っていた。オーラに満ちた空間でしたね。

だから、あの車は、先生と呼ばれるような偉い大御所作曲家の愛車だったんじゃないかと勝手に妄想しているんです。実際、スタジオのロビーでは、「〇〇先生が……」という会話がよく耳に入ってきましたから、あながちその想像も間違ってないのかもしれない。子供の頃から職業作曲家に憧れてきた僕の頭の中で、この車に対する憧れがますます募りましたね。

このスタジオは、僕がプログレに出合った直後の'99年に閉鎖されてしまった。とても残念です。

実際にプログレに乗ることができたのは、もう少し後。横浜の山下埠頭で貿易貨物を検査する仕事をしていた頃、中古車を扱う取引相手の方に乗せてもらいました。僕はバックシートに座っているだけでしたが、それでも乗り心地のよさは如実に伝わってきた。

プログレからは、シャーシを同じくするオリジンという限定車が派生します。その顔立ちは、'55年に発売された初代クラウンにそっくり。観音開きの扉も含め、コンセプトカーが備えるべき遊び心に満ちている。そういや、グループ魂の〝破壊〟こと阿部サダヲさんが、このオリジンに乗っていたと思います。

プログレという車種名を聞いたとき、まず頭に浮かんだのは、プログレッシブロック好きの、のっさん（クレイジーケンバンドのギタリスト・小野瀬雅生の愛称）の顔でした。実際は、音楽のジャンルとは関係がなく、フランス語の「進歩」が由来だそうですが。でも、その名を聞いたら、さほどプログレに明るくない僕でも、思わずキング・クリムゾンの『クリムゾン・キングの宮殿』のジャケットを連想してしまう（笑）。

名前とルックスのミスマッチも、不人気のひとつの原因だったのかなと思います。むしろ、例えば「雅」みたいに、和風に振り切った名前にすればよかったのに。あるいは、「高尾」とか、「鳳凰」とかね。

33

CISITALIA 202SMM SPYDER NUVOLARI

-2008-

48歳のとき、お洒落に命をかける
イタリアの心意気が凝縮した一台に感服した。

1947年誕生し、'48年までに計28台のみ生産された。「"いい女"みたいに、この手にしてみたい欲求にかられる車。『ラ・フェスタ ミッレミリア』で明治神宮あたりを走れたら最高。願わくば、本家イタリアの『ミッレミリア』のコースを！」と剣さん。

辛子明太子みたいな色とフォルム！　小動物みたいなフロント！　そして、流麗なテールフィン！

この車を初めて目撃したのは、２００８年、クラシックカーが集ったとあるイベントでのこと。実物を見たのはそれっきり、一期一会の出会いだった。激しく興味を惹かれたはいいもののメーカー名すら不明だった僕に、その正体を教えてくれたのが堺正章さん。

こないだ、これこれこういう車を見まして……と絵を描きながら相談したら、「それは、チシタリア202SMMスパイダー・ヌヴォラーリですね」と即答。さすがとしか言いようがない。チシタリアなるメーカー自体、僕にとっては初耳でしたからね。

その後調べたところによれば、チシタリアという会社の創業者は、ピエロ・ドゥジオという名の大富豪。彼は、サッカー選手としての短いキャリアをケガによって閉じた後、繊維産業に転じ、第2次世界大戦による好況の中、巨万の富を手にします。一時期は、かつて自分が所属したセリエAの名門中の名門チーム、ユベントスの会長も務めたという。自らハンドルを握りレースに出場するほどの車好きだったドゥジオは、1944年になって自動車メーカーを起こすことになる。

戦争が終息した後の'47年に発表されたのが、SMMスパイダー・ヌヴォラーリ。その名は、この車を駆って伝説的な公道レース、ミッレミリアに参加した著名なレーシングドライバー、タツィオ・ヌヴォラーリから採られています。市販されたのはたったの28台だったというから、本当に幻の車ですね。

ちょっと調べてみたら、現在の市場価格は家を担保に入れたとしても手が出ないぐらいの額（笑）。

グラマラスでセクシーなボディは、イタリア車ならでは。風洞実験の結果生み出されたというこのデザインは、まさに機能美の極みですね。その美しさを評価され、'52年からは、202GTがMoMAことニューヨーク近代美術館に永久収蔵されるまでになります。

この名車を日本で乗りこなしていたのが、西武百貨店社長および参議院議員を歴任し、女優の木内みどりさんを娶ったことでも知られる水野誠一さん。

ご本人からうかがったところによると、レーシングカーとして開発されただけあって、公道を走る車としてはかなり操縦しづらいらしい（笑）。特にワインディングロードでは難儀するんだとか。そもそもこの車、ガソリンタンクがフロントにあるんですよ。その時点で、ちょっと運転するには怖いかなあとも思う。

でも、何かを犠牲にしてもデザインを重視するその姿勢にこそ、イタリア車の本領がある。お洒落に命をかけるイタリア男の心意気を見ますね。

僕が思うに、あの国で生まれた車が鳴らす音は、独特の哀愁を帯びているんです。エグゾーストノートを耳にしただけで、涙が溢れる。イタリアという国の歴史に秘められた、念のようなものを感じますね。

34
MAZDA LUCE ROTARY COUPE
-1970-

10歳のとき、バブル時代の東京の夜を
クルーズしたくなる車に出逢った。

1969年誕生。「あまりにレアな車すぎたのか、'70年代後半にはパーツ難に陥っていたそうです。それも、常にマツダが挑戦的な車を作っている証しなのかも」と剣さん。イラストの背景はマツダのお膝元である広島の旧市民球場と路面電車。

マツダ・ルーチェロータリークーペが実際に走っているのを目にした回数は、恐らく両手で足りるほど。

この車は、1969年から'72年まで製造されましたが、その総数はわずか976台だそう。めったに見ることがなかったのも当然の数字ですね。それだけに、青山通りを疾駆する姿を初めて見たときは心が躍りました。

ルーチェは、それ以前から発売されていた4ドアセダンもお気に入りだったんだけど、このクーペの登場は、さらなる衝撃を僕に与えました。

設計の上で参考にしたとおぼしきモチーフがまったく思い当たらない、突然変異みたいなカッコよさ。

センターピラーを排して全体をすっきりさせたかと思えば、屋根を覆うのは高級感あふれる黒いレザー。スタイルそのものが訴えかける存在感がすでに説得力十分だから、もし乗るならば、プレーンな白がいい。

全体の設計はアグレッシブなのに、フロントは控えめな美人顔。そこに惹かれる。少しエキゾチックなこの顔つきは、朝比奈マリアに似てるんですよね。

といっても、『POPEYE』読者の世代には伝わらないかもしれないので説明すると、彼女は、あの雪村いづみさんの娘。……ひょっとして余計わかりにくくなったかも(笑)。まあ、各自検索してみてください。

もしも願いが叶うなら、この車を駆ってバブルの時代の港区へとワープしたい。真夜中、助手席にとびきりのいい女を乗せ、素敵な刺激を求めて横浜から東京へと繰り出したいもの。首都高を使うなら、あえて湾岸線よりも横羽線を選びたいですね。

あるいは、中原街道の荏原から首都高目黒線に入って白金トンネルの上を走り、東京タワーの方へと至るルートもいいいな。両サイドの照明に囲まれてずーっと続くあの区間のカーブは、まるで宇宙空間を泳いでいるような感覚がして、大好きなんですよ。

'80年代末から'90年代初めにかけての東京には、今と比べて、深夜に車で移動していてもパッと入れる気の利いた店が多かった。でかい駐車場を備えたところも少なくなかったし。当時、お酒が飲めない僕は、女性たちにとって重宝な存在だったわけです（笑）。

そんなドライブのBGMにしたい曲が、ピチカート・ファイヴの「マジック・カーペット・ライド」。浮遊感溢れるサウンドがこの車にぴったりです。

……などと妄想を連ねてきたものの、結局、動くこの車に乗る機会には一度も恵まれなかった。

ただ、ショールームに展示してあった車の運転席には、何度も座ったんですけどね。子供のくせして、マツダのディーラーには繰り返し通ったなあ。日本車離れしたコックピットの仕様などにも、尋常ならざる興奮を覚えました。わざわざ車種名に「ロータリー」とエンジンの型式を冠したところにも、マツダならではのプライドがうかがえます。

今、目の前に現れたら即購入したい車ですね。

35
HINO CONTESSA 1300 COUPE
-1965-

5歳のとき、友達のお母さんが運転する
「伯爵夫人」にシビれた。

1965年誕生。「この車で旧軽井沢のような避暑地にある木立のトンネルを走ると気持ちよさそう。大学生の仲良し4人組が同乗して、正ちゃん帽に揃いの〈VAN〉のジャケットを着てたりしたら、もう言うことなし」と剣さん。

日野自動車というと、今の大方の若い人はトラックやバスなど大型商用車のメーカーというイメージしか持っていないかもしれません。

しかし、半世紀ほど前までは乗用車も手掛けていた。〈日野ルノー〉なるブランド名を掲げ、ルノー4CVをライセンス生産していたんです。その経験を生かし、日野が自社開発を行った唯一のモデルがコンテッサ。この名前は、イタリア語で「伯爵夫人」を意味します。

特に僕をしびれさせたのが、1965年に登場した1300クーペ。イタリアの名匠、ジョヴァンニ・ミケロッティがデザインを担当しています。RR、つまりリアエンジン・リアドライブだから、エンジンを冷却するためのグリルは後ろ側にある。軽井沢あたりの別荘の雨戸みたいな、昔の家具調クーラーみたいな、このグリルの独特の質感がどうにもたまらない。

その代わり、グリルを欠いたフロントはペロンとした顔。ルノー8とか、シボレー・コルベアとか、僕が好きなRR車はみんな似た表情をしていますね。

コンテッサ1300クーペを初めて見たのは、5歳の頃。僕が通っていた日吉のプリンス幼稚園で同じ組だった女の子が、この車で通園していたんです。ある日、彼女のお母さんが、僕を含めた娘の友達数人をコンテッサに乗せ、こどもの国へと遊びに連れていってくれた。とても嬉しかったことを覚えています。

そのお母さんは、ショールを真知子巻きにして、レモンイエローのサブリナパンツをキュッとはきこなしていた。すごくカッコよかったな。確か、プロ野球選手の奥さんだったはず。あの幼稚園には、他にも、俳優やモデルなど、派手な職業の親御さんが多かった。

僕自身がこの車のステアリングを握ったのはつい最近のこと。ある雑誌のイベントで試乗させてもらう機会があったんです。エンジンが後ろに載っているだけに前が軽く、ハンドリングしやすい。パワステ要らずなんですね。スムーズな走り心地を堪能しました。

2014年に参加した『ラ・フェスタ ミッレミリア』というクラシックカーばかりがエントリーするラリーでは、出場車の走行を補助するサポートカーの一台にコンテッサ1300クーペを発見しました。錚々たる伝説的な外車がずらりと揃った出場車のみならず、サポートカーにまで味のある旧車が顔を出す。さすがだな、やるなあ、と感激しましたね。古いだけあって、サポートカーのほうが故障しちゃったりするんですが（笑）。

コンテッサはもちろん、日野のトラックやバスにも、結構僕の好きな車種が多い。

特に、'64年から'84年にかけて生産された初代レンジャーは、トラックだというのに顔が洋風で垢抜けていました。醤油顔とソース顔という対比でいえば、明らかなソース顔。実に勇ましいマスクなんですよ。

ダンプなら、いすゞのニューパワーZも捨てがたいなあ。……まあ、この話はまた別の機会に（笑）。

36
MERCURY COUGAR XR-7
-1972-

12歳のとき、
スタイリッシュな深海魚のような車に驚いた。

1967年誕生。正面には開閉式のリトラクタブルヘッドライトを装備。「"いい出物"があったら今一番欲しい車が、このクーガー。ホイールは純正のものが断然クールですね」と剣さん。今回の背景は本牧にあった伝説の旧『アロハカフェ』。

フォード・モーターが擁する、高級車のリンカーンと大衆車のフォード。この非常にメジャーな2ブランドの間に位置するブランドとして、2010年まで存在していたのが、マーキュリーです。

その中でも、僕が好きだった車種がクーガーXR-7。初めて目にしたのは、小学校の高学年の頃だと思います。当時住んでいた横浜の日吉本町の近所のお兄さんが、この車の'68年型に乗っていたんです。ボディカラーは、薄ーいグリーンメタリック。

何てカッコいいんだと驚きましたね。その頃の僕のお気に入りだったムスタング同様、小ぶりでスタイリッシュ。何より、開閉式のリトラクタブルヘッドライトには度肝を抜かれました。点灯しないときにはライトがくるりと裏側にひっくり返って、のっぺらぼうになる。目が退化してなくなってしまった深海魚のよう。最近はリトラクタブルの車が少なくて寂しいですね。

古くからの僕の親友であるミュージシャンのチャーリー宮毛は、1983年頃、シルバーのクーガーXR-7を愛車にしていました。当時、僕が持っていたベレット1800GTと取り替えっこしてよく運転したものです。米軍の基地住宅があった本牧の旧ハウジングエリアが返還されて間もないあの時分、二台つるんであのあたりを脳内西海岸クルーズするのは楽しかった(笑)。カフェバーの先駆けとされる『アロハカフェ』という店の前にクーガーを停めると、絵になりましたね。

車内で聴いたのが、ジュニア・ウォーカー&オールスターズ、マーサ&ザ・ヴァンデラス、マーヴェレッツ、ジャクソン5といったモータウンの古いナンバー。カーオーディオは8トラックのカセットでした。

助手席に乗せるなら、ファラ・フォーセットや風吹ジュンの若い頃みたいな、サーファーっぽい女の子がいい。〈ファーラー〉のフレアパンツをはいて、〈エスティ ローダー〉の香りを振りまいているイメージですね。

ちなみにチャーリーのクーガーは、その後、本牧で事故を起こして大破、オシャカになりました。そういやこの車、ハリウッド映画のクラッシュシーンにも頻繁に使われるんですよ。崖から落っこちたりする場面では、それまで登場人物が乗っていた別の車が、いきなりクーガーに変わる。「あっ、またクーガーだ。もったいない！」と思いながら観ていました。人気がいまひとつだったのか、雑な扱いが多かったですね（笑）。

そんなクーガーの中古車価格が、突然高騰したことがあります。きっかけは、R&Bシンガー、ラファエル・サディークが'04年に発表した『ラファエル・サディーク・アズ・レイ・レイ』というアルバム。そのジャケットに、カスタムを施した初期型クーガーXR-7が大きく写っていたんです。

こういうケースがあるから、中古車市場は面白い。クリント・イーストウッドの映画『グラン・トリノ』が公開されたときも、それまでは見向きもされなかったフォードのグラン・トリノの値段が吊り上がったし。

実は今、クレイジーケンバンドの仲間であるスモーキー・テツニが、'70年型XR-7の黄土色のオープンカーに乗っているんです。そして、長年通う本牧の『ムーンアイズ』というカーアイテムショップの店頭には、僕が今、最も気になってる抹茶ミルクのような美しいボディに黒いレザートップの'68年型XR-7が展示してある。僕のクーガー熱は、日々高まるばかりです。

37

PRINCE SKYLINE 1900 DELUXE

-1962-

2歳のとき、生涯脳内に焼き付くだろう
“家族の車”と邂逅した。

1961年誕生。原型となるモデルは'52年に発売された。今回のイラストは、2歳の剣さんとお母さんが当時の自宅の前で撮影した一枚の写真が元になっている。「スカイラインはもちろん、プリンスには夢に出てくるような車が多いですね」と剣さん。

ここに一枚の古いモノクロ写真があります。質素な平屋の木造住宅の前で、頭にスカーフを巻いた若い女性が、まだ幼い男の子をその腕に抱きながら、車にもたれてこちらを見つめている。

僕と母親です。この写真が撮影された頃、恐らく僕は2歳。背景は、当時家族で暮らしていた横浜・本郷町の貸家ですね。そして、いかにも誇らしげな存在感を放つのが、父親が愛車としていたプリンス・スカイライン1900デラックス。

同時代の1960年代に生産された米国車を思わせるボディラインが素晴らしい。体つきは非常にアメリカンなんですけど、大きさはギュッとコンパクト。

フロントは折り目正しいクラシックな社用車みたいなルックス。神社仏閣みたいな感じで、思わず手を合わせたくなっちゃう。ところが、リアに回ると、そこに施されているのは、トロピカル・ダンディなリゾート感に溢れたテールフィン。印象がガラリと変わる。

この大胆なハイブリッドぶりは、西洋建築にまるっきり東洋風の屋根をのせてしまった九段会館など、帝冠様式の建築物を彷彿とさせます。どうしても拭えない和の情緒、そこにたまらなく惹かれてしまう。洋楽を上手に取り入れながら、日本人の耳に合うスタイルに作り変えた昭和の歌謡曲も思わせますね。その中でも、筒美京平さんが手掛けた最良の例に近い。

1966年に日産と合併するプリンス自動車から生まれた車には名品が多いんです。特に僕が好きだったのは、プリンス・ホーミーというワンボックスカー。

まるでモグラみたいな顔をしたこの車を楽器車として利用していたのが、近田春夫&ハルヲフォン。'70年代のある日、真っ黒な車体に大きくバンド名を記したホーミーが走る姿を渋谷の桜丘で目撃した日の思い出は実に強烈で、今でも忘れることができません。

スカイライン1900デラックスに似合う音楽は、ピチカート・ファイヴが2001年に発表したラストアルバム『さ・え・らジャポン』の収録曲「アメリカでは」。'64年に公開された東宝のミュージカル映画『君も出世ができる』の挿入歌を、オリジナルのシンガーである雪村いづみさんがデューク・エイセスを従えて自ら再演したバージョンです。この曲には、皇居のお堀に面した、帝国劇場近辺の空気感が満ちている。

昭和の雰囲気が漂うこの車に乗ることができたなら、ぜひ、神宮外苑の絵画館に乗りつけてみたい。というのも、父方のおじいちゃんが絵画館のことを気に入っていて、よく通っていたんですよ。あの銀杏並木を駆け抜けていたのかと思うと興奮しますね。

これから、'20年の東京オリンピックに向けて、神宮外苑周辺の環境は激変してしまうはず。今のうちに、ヴィンテージな趣を濃厚に残したあの辺りの風景を、ぜひスカイライン1900デラックスの車窓から記憶にとどめてみたいものです。

38

CHEVROLET CAMARO Z28

-1970-

10歳のとき、同級生の豪邸で見た一台と
不思議な因縁で結ばれた。

初代のカマロは1967年誕生。今回紹介するのは、'70年発売の2代目モデル。「古いカマロは玉数が豊富だけど、改造されているものも多くて。なかなか"素のカマロ"に出合うのは難しいんです」と剣さん。イラストの背景は、'70年代の薫りが残る表参道の『千疋屋』の前。

みなとみらいのパシフィコ横浜で行われる年の瀬恒例のイベントに、アメ車好き必見の『ヨコハマ ホットロッド・カスタムショー』があります。昨年、残念ながら駆けつけることができなかった僕に、ある友達がその模様を撮影した写真を送ってくれました。

そこに写っていたのが、一台の'70年型カマロRS。オリジナルの文様を施したまばゆく輝くブラウンメタリックの車体をローライダーに改造したそのカスタムぶりは、あまりにも芸術性が高い。一目惚れしました。その姿に驚いた翌日、本牧通りの『デニーズ』のあたりで愛犬のチワワを散歩させていたら、ずばりあの写真のカマロそのものが、目の前をスーッと通り過ぎた。恐るべき偶然に、全身に電流が流れましたね。一瞬、金縛りに遭ったかと思ったほど(笑)。これを機に、カマロ熱がにわかに再燃しました。カマロとの最初の出合いは、小学校4年のときのこと。お金持ちの息子であるH君という同級生の豪邸に遊びに行ったら、ガレージにブルーメタリックのカッコいい車が。それが、'70年型のカマロRSだったんです。

アメ車でありながら、コンパクトでキュートかつスポーティ。若者向けに思えるクーペを、リンカーンやキャデラックといったセダンが似合うお父さんの世代が愛車にしていることに驚きました。

20代を迎えた頃、僕の周囲には、カマロの中古を手に入れる同世代が増えてきた。その中のひとりが、実は、僕が付き合っていた女の子の元彼でした。

ある日、彼女の家の前を通ったら、別れたと聞いたはずのその男のカマロRSが止まっている。どうやら、ちょっとヨリが戻っていたらしい。結局その子と僕は別れたんですが、その後、彼女に電話して、あのカマロ、売ってくれるよう頼んでくれないかなあと相談していたんだからどうかしてますよね（笑）。

この車は、'70年代後半、ディスコの前に路駐してあるのをよく見かけました。若い頃の石田純一さんみたいな、軟派な優男が運転していたというイメージ。少し時代が下ると、カマロはいわゆるオラオラ感溢れる押しの強い人たち御用達の車になってしまうんですが、当時は、クリスタル族の先駆けともいうべきカッコいい人たちが好んで乗っていたんです。

カマロの中でも、僕が一番好きなのは、Z28というハイパフォーマンスタイプの'70年型。

もし叶うことなら、Z28のステアリングを握って'70年代半ばの表参道を走ってみたい。『レオン』『ビーフェイス』『オリンピア・フード・ライナー』……、今はもう消えてしまった思い出のスポットが軒を連ねる並木道を駆け抜けることができたら、最高でしょうね。

そのときは、〈ファーラー〉のフレアパンツにワラビーの靴を合わせたサーファールックを身にまとい、〈ジョーバン〉のムスクなんかを香らせたい。そして、助手席に乗せるのは、あの頃の夏木マリみたいな、あべ静江みたいな、いい女。もちろん、ファラ・フォーセットみたいに大きなカーラーで巻いた髪をなびかせ、その肌はといえば、いい色に焼けているんです。

ドライブのBGMとしては、ドゥービー・ブラザーズの「ロング・トレイン・ランニン」あたりを流したい。つまり、マイケル・マクドナルドが加入してAOR色が濃くなる以前のドゥービー。あの頃の西海岸のサウンドが、アメ車に乗る喜びを高めてくれそう。

39

PORSCHE 914-6

-1980-

20歳のとき、“ワーゲンポルシェ”の異名を持つ、
通好みの車を知った。

1969年に誕生した914に911用のポルシェ製6気筒エンジンを搭載したのが914-6。「この車は女性を助手席に乗せるイメージが湧かない。911だと想像がつくんだけどなぁ。914-6は一人でストイックに乗りたい」と剣さん。東京湾アクアラインと海ほたるを背景に。

ポルシェ914は、俗にワーゲンポルシェと呼ばれます。というのも、1969年に登場したこのスポーツカーは、フォルクスワーゲンとポルシェが共同で製造・販売を行った、いわばダブルネームの車だったから。当時は、上級モデルの911を買えない人が代わりにお手頃な914を買うというイメージがありました。あからさまに軽く見られている感じだった。

でも、この車の魅力、わかってる人はわかってたんですよね。ミッドシップならではの素晴らしいハンドリング、そして、サーキットでのコーナリング性能のよさ。個人的には、非常にいい車だと思っています。

僕が20歳の頃にスタッフを務めたクールスRCというバンドには、フランクさんという愛称のサイドギタリストがいました。非常に彫りが深く、まるで外国人のようにカッコいいマスクの持ち主なのに、それに反して、本名は和の男と書いて和男（笑）。その飯田和男さんが、黄色い914を愛車にしていたんです。

クールスというと、ハーレーに乗っている印象が強くて、車もアメ車なんじゃないかと思われがち。ところが、メンバーはみんな意外にもヨーロッパ車を好んでいた。そういったセンスにも憧れましたね。

914の2シーターの助手席には、よく乗せてもらいました。スピードを上げると、何とも気持ちのいいGがかかるんです。前後のピラーを残し、平らな黒いルーフだけを着脱するタルガトップという仕様も面白かったな。運転中に突然雨が降ってきたりすると、トランクから屋根を取り出してはめ込むんです。一度でいいから自分がステアリングを握ってみたかったけど、結局、言い出すことができませんでした……。

その後、フランクさんは914を売却します。買い手の側も、僕の知り合いでした。あるとき、レーシングドライバーだったその人が1週間ほど海外に赴くことになり、「その間、お前がこの車に乗っててくれないか」と言ってくれた。天にも昇る気持ちでした。

最初は、シフトチェンジに苦労しました。グギギギーッ！　と音を立ててギアを噛んじゃって、交差点の女性がみんなこっちを見る。みっともなかった（笑）。でも、慣れてくるとその快適さの虜になる。第三京浜みたいに片側3車線ある道でも、端から端までシュッシュッと思いのままにレーンを変更できるんです。

カラーバリエーションの豊富さも特筆ものでした。黄色に緑にオレンジ、何台も揃うとすごくかわいい。発売当初のｉＭａｃのカラフルさを彷彿とさせますね。

ボディをポルシェ、4気筒のエンジンをワーゲンが手掛けたスタンダードな914とは異なり、914-6という6気筒のハイパフォーマンスタイプでは、肝心のエンジンもポルシェが供給しています。機会に恵まれたなら、その914-6を手に入れてみたいもの。

914-6を走らせるなら、袖ヶ浦フォレストレースウェイがいいな。千葉県にあるこのサーキットは、環境庁長官や法務大臣を歴任した中村正三郎さんがオーナー。中村さんは、1960年代にはレーサーとして日本グランプリなどにも参戦したキャリアをお持ちなんです。

トランポと呼ばれるトレーラーに載せてサーキットまで運搬するんじゃなく、あえてこの車そのものを自ら運転してコースに入りスポーツ走行し、その後もまた乗ったまま帰るというのが気分に合いますね。東京湾アクアラインを飛ばしたら楽しそう。

40
PLYMOUTH BARRACUDA 1965
-1970-

10歳のとき、
スペーシーな一台にオリジナルソングを捧げた。

1964年に初代バラクーダが誕生。剣さんのお気に入りは1965年モデル。「'60年代のドラマ『宇宙家族ロビンソン』のような世界観の車。タートルネックのセーターを着て乗りたい」。剣さんがこの車で走ってみたかったという、'80年代の原宿セントラルアパート前を背景に。

僕が初めてアルバイトを経験したのは、小学4年生のときでした。雇ってくれたのは、同級生の小谷君の実家である『松樹園』という植木屋さん。とはいっても、もちろん剪定を任されたわけじゃなく、配達やら水やりといった軽作業がメインでした。

仕事の合間には、小谷君と一緒にもっぱら中古車情報誌を眺めていました。小学生のくせに、値段をチェックしては、気に入った車にマルを付けていた（笑）。

そのときに惹かれたのが、プリムスのバラクーダ。興奮のあまり、バラクーダの歌を作って2人で歌っていた記憶があります。どんな歌だったたか、今じゃきれいさっぱり忘れちゃいましたけどね（笑）。

プリムスは、米国自動車産業ビッグ3の一角を占めるクライスラー傘下のブランド。クライスラーといえば、クレイジーケンバンドがダッジ・チャージャーのCMソングを手掛けたこともあり、親しみが深い。

1964年に送り出されたバラクーダは、デザインがたまらない。フロントの表情はもちろん、リアのガラスの曲線なんかは、スペーシーとしか言いようがない。

生身のこの車に触れることができたのは、'80年頃。

当時、僕はクールスというロックンロールバンドのスタッフを務めていたんですが、そのボーカリストだった村山一海さんが、ご近所に住む高護さんという方と親しく付き合っていました。

高さんは、'82年に歌謡曲研究誌のパイオニア『リメンバー』を創刊し、その後、SFC音楽出版を立ち上げ、現在はウルトラ・ヴァイヴという会社を率いて名盤のリイシューや新作のリリース、アーティストのマネジメントを行う音楽界のキーパーソン。

僕は、参宮橋にあった高さんの自宅に入り浸っては、夜が明けるまでレコード棚を漁っていました。そこには、R&B、ドゥーワップ、そして歌謡曲など、ジャンルを超えたお宝がいっぱい。それらを片っ端からカセットテープにダビングする。高さんが伝授してくれたさまざまな蘊蓄は、クレイジーケンバンドの音楽性にも間違いなく大きな影響を与えています。

その家のガレージにあったのが、バラクーダ。氷が溶けて薄くなった抹茶ドリンクみたいなグリーンにメタリック塗装を施したボディカラーが最高でした。何度か乗せてもらったこともあるけれど、運転させてくださいとはとうとう言い出せなかった（笑）。

今、もしこの車でドライブできるとするなら、やっぱり、高さんのお宅でよく聴かせてもらった思い出深いオールディーズの数々、特にシックスティーズのガールグループの曲をBGMにしてみたいもの。

なかでも、フィル・スペクターのプロデュースで「ビー・マイ・ベイビー」をヒットさせたロネッツあたりはぴったり似合うかも。あるいは、マーヴェレッツ、シャンテルズ、マーサ&ザ・ヴァンデラス……。35年ほど前の、参宮橋での思い出が蘇りそうですね。

41
VOLVO AMAZON
-1970-

10歳のとき、暑さに弱い
“アマゾン”という名の北欧車を知った。

1956年誕生。ボルボP120とも呼ばれるアマゾン。「助手席には野宮真貴さんを乗せて、本牧にあった米軍住宅内の『ビル・チッカリング劇場』あたりをドライブしてみたかった」と剣さん。今回のイラストは、その憧れの劇場を背景に。

ボルボ・アマゾンは、1956年から'70年まで生産されていました。僕がこのスウェーデン車の存在を知ったのは、晩年に当たる'70年ぐらいだったかな。

シボレーやフォードといったアメ車に手が届かない人が、中古では結構安く出回っていたこの車を買っていたという印象が強い。ボテッとしたリアのクラシカルな形状にはアメ車のようなおっさんくささがあった。'70年代には、アマゾンの車高をちょっと落として、アメリカ製のホイールを履いて乗るというスタイルが、サーファーの間でちょっと流行りました。サーフボードを載せると、すごく様になる。ハワイあたりを走るのがとても似合うルックスなんですよ。

だけど、いかんせん北欧生まれの車だけあって、暑さにはからきし弱い。アマゾンという熱帯の地名が付けられているくせに（笑）。日本の夏には耐えきれず、すぐオーバーヒートしちゃうから、ラジエーターにファンを増設したりと、みんな、暑さ対策にはいろいろと腐心していましたね。クーラーも効かないし。

'83年のある日、僕は、当時在籍していたクールスRCというバンドのポスターを横浜は本牧の『V.F.W.』という米軍の退役軍人クラブで撮影していました。すると、その前を、一台のアマゾンがスーッと通りかかった。黄色のボディにファイヤーパターンが施されたその車がふと止まり、ドアを開いて降りてきたのは、僕の友達の小川肇君だったんです。

アロハで決めた彼の頭は、ハワイアンリーゼント。サイドはリーゼントなんだけどトップがスポーツ刈りみたいに真っ平というこのヘアスタイルには、その頃の本牧のファッションリーダー数名がトライしていました。ただ、これはなかなかハードルが高い髪型で、海やプールに入ると、河童みたいになっちゃう（笑）。

えー、何が言いたかったかといえば、やっぱりアマゾンはハワイと相性がいいんだぞということなんですが、どうも話が脱線しましたね（笑）。

その日は、港湾関係の仕事に就いていた小川君をつかまえたのをいいことに、いろんな場所に顔が利く彼を伴い、許可も取らずに本牧埠頭や米軍基地に入って撮影を続けました。そのとき思ったのが、アマゾンはアメ車よりもアメ車だなあということ。

音楽にしても、北欧の国々は、アメリカのサウンドを取り入れ、さらに進化させることに長けています。例えば、スウェーデンのザ・スプートニクスというバンドは、エレキインストの名曲を多数生み出している。'90年代に流行したスウェディッシュポップの中心的存在だったトーレ・ヨハンソンもそう。アメリカ人が忘れてしまった音楽のセンスを、見事に蘇らせた。アマゾンに乗るなら、やっぱりそういったスウェーデンの音楽をBGMにしたいものですね。そして、米軍住宅があった頃の本牧を走らせてみたい。

ボルボといえば、P1800というクーペも好き。後に『007』シリーズでジェームズ・ボンドを演じるロジャー・ムーアが『セイント/天国野郎』というドラマの中で乗り回していたのを見て、憧れました。

現行モデルなら、S80がいいなあ。いかにもお父さんが乗る車っぽいインテリアがたまらないんですよ。もちろん、3点式シートベルトを最初に導入したボルボの伝統を受け継ぐ安全性も折り紙付き。ボルボというブランドには、独自の魅力がありますね。

42
CHEVROLET CHEVY II/NOVA
-2010-

50歳のとき、後にジャケ写となる
“リアルアメ車”を手に入れた。

シボレーのコンパクトカーとして1961年に誕生。「NOVAという名前はNASA的というか、宇宙を感じる。そして、パシフィックな雰囲気もあるから大磯のビーチが似合う」と剣さん。

２０１５年8月、クレイジーケンバンドは最新アルバム『もうすっかりあれなんだよね』をリリースしました。その初回限定盤のジャケットを飾っている車が、１９６３年生まれの初代シボレー・シェヴィーII・ノヴァ。被写体となったこの4ドアセダンは、何を隠そう、この僕が'14年まで所有していた車そのもの。現在はすでに別のオーナーの手に渡っているんですが、特別に一日だけお借りして、撮影させてもらいました。

ノヴァは、シボレーの中でもかなり大衆的なモデル。コンパクトなサイズゆえか、日本ではあまりアメ車らしくないと評されることも少なくない。けれど、僕にとってはこれこそがリアルなアメ車なんです。

ノヴァというと、人気があるのは2ドアクーペのほうなんですが、僕は断然4ドア派。子供の頃から、ダッジ・ダートとか、プリムス・ヴァリアントとか、真四角なセダンに憧れていたんです。ちょっとダッズな感じ、つまりおっさんくさい見た目に惹かれてしまう。ノヴァを初めて目にしたのは小学4年生のとき。米軍基地の駐車場によく止まっていたのを覚えています。

アメリカでもよく見かけました。安い中古のノヴァを買い、好き勝手に改造を加えて乗り回した後に高く売るというユーザーがたくさんいる。向こうには、そんなクルマ文化が根付いているんですね。

'10年にノヴァを購入した僕も、それから3、4年かけてカスタムを重ね、エンジンはもちろん、足回り、インテリアも含め、ボディ以外はすべて新品のパーツに総取っ換えしました。

パッと見、遅そうな印象を与えるこの車は、高速で後ろから煽られることも多かったんですが、そんなときは、こっちが煽り返してぶっちぎってやりました（笑）。エンジンを積み替えていたから、ルックスとは裏腹のスピードを出すことができるんですよ。

富士スピードウェイのスポーツ走行で、デ・トマソ・パンテーラ、シボレー・コルベットといった車を引き離して独走したのも最高の思い出です。

ただ、日常の足としてはあまり使わなかったので、ほぼ未使用の状態で売却することになりました。普段は、この車を買った静岡の『ライジングサン』というショップに預けていたんですよ。マリーナみたいなものですね。池尻大橋にあるこのお店のショールームにしばらく展示されていたこともあります。

ノヴァで聴きたいのは、今なら、ceroのアルバム。

そんなことを思ったきっかけは、彼らの「Summer Soul」という曲のPV。サイドに太い木目のラインが引かれた日産ラシーンに乗った3人のメンバーがドライブに繰り出すというシチュエーションにグッときました。ラシーンを選ぶセンスが、ほんとに素晴らしい。

ノヴァにしても、僕みたいなとっつぁんじゃなくて、20代の若い子たちが遊びに使うのが似合いますね。その場合は、改造しないで、フルノーマルのまんまがいい。スピードなんて求めないで、窓全開にして、サーファー的なライフスタイルで。

そして、大磯あたりを流したいですね。サザンオールスターズが歌ったことでも知られる、今はなき「パシフィックホテル茅ヶ崎」に降り注いでいたあの陽光の感覚が、大磯ロングビーチの周辺にはデッドストックで保存されている。水しぶき、太陽、青空……、昭和の夏に思いを馳せながら、走ってみたいもの。

43
TYRRELL 007
-1976-

16歳のとき、
「日本一速い男」が操った車が伝説をつくった。

ティレル007は1974～'76年のF1に参戦したフォーミュラカー。「'76年の『F1世界選手権イン・ジャパン』でこの車に乗った星野一義さんに一昨年お会いしたのですが、まるでライオンのよう。王者の風格があり、まさにオスという感じでしたね」

ティレルは、1970年から'98年にかけて活動したF1の名門レーシングチーム。僕らが子供の頃、日本ではティレルじゃなくタイレルと呼ばれていました。

小学6年生のとき、いつものように西武渋谷店にあった本屋さんで『オートスポーツ』という雑誌を立ち読みしていたら、まるで俳優みたいにカッコいい顔をしたフランソワ・セベールというレーサーに出会った。彼が、ジャッキー・スチュワートと並ぶ二枚看板として所属していたのが、ティレルだったんです。濃いブルー一色の車体にオイルメーカー、エルフの白抜きのロゴが配されたスタイリングには憧れましたね。

このチームが投入した数々のフォーミュラカーの中でも、特に思い出深いのが'74年に登場した007。ジョディ・シェクター、パトリック・デパイユといった名ドライバーたちがステアリングを握りました。

僕がこの車を目の当たりにしたのは、'76年に日本で初めて開催されたF1レースでのこと。

ちなみに、富士スピードウェイで行われたこの大会の正式名称は、『F1世界選手権イン・ジャパン』。なぜ『F1日本グランプリ』ではなかったかといえば、当時は、全日本F2000選手権の最終戦が『日本グランプリ』を名乗っていたからなんだとか。

そのレースに007を引っ提げてスポット参戦したのが、当時、「日本一速い男」の異名を取った星野一義さん。とはいえ、ティレルに所属していたわけではなかった彼が走らせることができたのは、すでに旧式となっていた中古の007でした。

決勝当日は、中止が危惧されるほどの土砂降りの豪雨。コースの一部は川のようでした。フェラーリの英雄ニキ・ラウダがたった3周で早々に自らリタイアを選ぶほど、最悪のコンディションだったんです。

そんな中、地の利にも助けられてか、星野さんは大いに善戦します。2周目には5位につけ、10周目には、本家ティレルのジョディ・シェクターが駆る最新の6輪マシンを追い抜き、ついに3位まで浮上する。

しかし、スペアのタイヤが切れてしまったという嘘みたいな理由でリタイアを余儀なくされてしまう。もったいない話ですね。もしも、このときに星野さんが表彰台に上がっていれば、歴史は変わっていたはず。

この場を借りて僕がこのエピソードを強調したい理由は、『F1イン・ジャパン』が重要な舞台として登場する実録映画『ラッシュ／プライドと友情』で、星野さんの活躍がまったく描かれていなかったこと。つまり、義憤に駆られたんですね。でも、ジェームス・ハントとニキ・ラウダのライバル関係を追ったこの作品は素晴らしい仕上がり。ぜひご覧いただきたい。

実は、僕がモータースポーツにのめり込んだのも、F1の世界を描いた『グラン・プリ』という映画を観たのがきっかけ。ジェームズ・ガーナー、イヴ・モンタン、三船敏郎という米仏日のスターが顔を揃えたこの作品もまた必見です。

星野さんには、一昨年、パシフィコ横浜で行われた『ノスタルジック2デイズ』という旧車ショーの楽屋でお目にかかることができました。

僕が'76年のF1を観た感動を語るや否や、痛いぐらいにギュッと僕の手を握り締めたんです。そのとき、星野さんが僕の決め台詞である「いいね！」を叫んでくれたのは、本当に嬉しかったなあ（笑）。

44

NISSAN FAIRLADY Z432

-1970-

10歳のとき、ダンディなおじさんに
「3桁」の意味を教わり、高揚した。

1969年誕生した、初代フェアレディZの高性能グレードがこの「432」。「自分の中でこの車がきっかけになったのか、国道134号線とか、3桁のものにグッとくることが多いですね」と剣さん。剣さんがZ432を初めて見た、日吉台マンションを背景に。

フェアレディZ432の「432」という3桁の数字が示すのは、排気量でもなければ開発コードでもない。これは、4バルブ、3キャブレター、2カムシャフトと、エンジン関連の主要な部品の数を連ねたもの。東京ミッドタウン向かいの、『天鳳』という人気のラーメン屋さんには「135」というメニューがあります。しょっぱめ、脂多め、麺硬めを表すこの数字を目にしたとき、フェアレディZ432を思い出しました。

1969年に初代フェアレディZのラインナップのひとつとして登場したこの車を初めて目にしたのは、僕が横浜の日吉に住んでいた小学生の頃のこと。

'70年になって、家の近所に「日吉台マンション」というピカピカの集合住宅が完成しました。共用プールまで備えたこの重厚なマンションは、分譲時にテレビCMまで流していた。一軒家よりマンションのほうが高級とされた時代を象徴するような建物だったんです。

その敷地内には、実にいい感じの斜面がありました。僕らは、当時活躍していたスキージャンプの笠谷幸生選手を真似して、駐車場に面したその坂をローラースケートで滑走していたんです。わざわざ、ベニヤ板を使ってジャンプ台まで作って（笑）。管理人さんには、見つかるたび雷を落とされましたけどね。

その駐車場で目にしたのが、フェアレディZ432。ダンディなおじさんがその車に乗り込もうとするところを捕まえて、432というのはどういう意味なんですかと尋ねたら、冒頭で紹介した答えが返ってきた。グッとくるネーミングだなとしびれましたね。

その後、モーターショーのカタログを見て、432が、フェアレディZの中でも最も高性能なモデルであるという事実を知りました。さすがは日吉台マンションの住人だなと恐れ入った次第です。

この432をレース用にチューンナップした、フェアレディZ432-Rという特別仕様車も存在しました。そもそも一般道を走行するためのものではないので、ラジオもヒーターも付いていない。

その車を駆ってレースで大活躍していたドライバーが、桑島正美さん。真っ黒のヘルメットに真っ黒の車体というその姿から、「黒い稲妻」という異名を取った名レーサーです。'70年代の前半にはヨーロッパのF3やF2に進出し、表彰台にも登るなど、かなりの成績を残しました。一時は、日本でF1に最も近い男とも呼ばれていたほどです。

あの頃は、フェアレディZの人気が日本中で沸騰していたから、次から次へと走り屋が好むようなパーツが出回ったもの。432じゃないのに432のロゴを付けたり、もちろん432-Rじゃないのに432-R仕様に改造したフェアレディZもたくさん見かけましたね（笑）。

もしも、この432のステアリングを握ることができるなら、やっぱり思い出深い日吉の街を走ってみたい。神宮外苑を彷彿とさせる慶応大学日吉キャンパスの銀杏並木の前を出発し、東急東横線の線路を越えて日吉中央通りを流し、そして、21世紀を迎えてもなお現存する日吉台マンションへ……。

BGMは、ブラジル出身のクロスオーバーの先駆者、デオダートの「スカイスクレイパーズ」。つまり、日本語で言うなら摩天楼。あの頃の日吉、しかも子供の目線からしてみれば、7階建ての日吉台マンションは、確かに摩天楼だったんですよ（笑）。

45

ISUZU 117COUPE

-1968-

8歳のとき、高度成長期が生んだ一台に
「手作業の洗練」を知った。

1968年の販売開始からの10年間に一台も廃車が出なかったという記録を持つ。「薄く緑がかった色合いが、またこの車に似合うんです」と剣さん。1964年の東京五輪を象徴する駒沢オリンピック公園の階段を背景に。「この車で公園の周辺を走ってみたい」

いすゞときたら、ベレット1600GT。反射的にそう連想するクレイジーケンバンドのリスナーも多いでしょう。けれど、いすゞの歴史には、まだまだ印象的な名車が存在します。そのひとつが、117クーペ。1968年に発売されたこの車を初めて目撃したのは、8歳の頃。横浜にあった公団の日吉住宅――今はサンヴァリエ日吉という洒落た名前になって建て替わりましたが――の近くでよく見かけました。もう、何てカッコいいんだと興奮しましたね。デザインは、パッと見ただけではとても日本車とは思えない。特に、リアの細いピラーのスタイリングが素晴らしい。そしてフロントには、狛犬みたいな、中国の獅子みたいな動物を描いたエンブレムが掲げられている。後にいすゞ車だと知ったときは、かなり驚きましたね。

この117クーペのデザインを手掛けたのは、イタリアの巨匠ジョルジェット・ジウジアーロ。彼がカロッツェリア・ギアという名門工房に在籍していた当時の仕事です。ギアからの独立後も、ジウジアーロはいすゞと密接な関係を維持することになります。

この車について語るなら、'72年に生産が終了した初代に尽きますね。ボディの大枠は機械でプレスしておきながら、ジウジアーロがこだわったディテールのほとんどはトンカントンカン手作業で叩き出した。それゆえ、当時としては破格の172万円という値段が設定され、総生産台数は2458台にとどまったといいます。

GMとの提携後に市場へと投入された2代目以降では量産体制が敷かれ、若者にも手が届く価格帯へとシフトしましたが、正直、神秘性は薄れてしまいましたね。……というふうに実感を込めて語ることができるのも、19歳の頃に付き合っていた彼女が量産型の117クーペに乗っていたから（笑）。シングルキャブレターでSOHCのエンジンを載せたXTというタイプでしたが、どうにも非力で外観に合う加速感を味わえなかった。

初代117クーペを手に入れることができたなら、駒沢オリンピック公園あたりを走ってみたいですね。僕は9歳の頃、腎炎を発症し、駒沢の国立東京第二病院（現・国立病院機構東京医療センター）に入院していたことがあるんですが、その頃の思い出と117クーペの印象が結びついている。

今も時々、駒沢公園には犬を散歩させに行ったりしています。チワワもいいけれど、助手席に乗せるとなると、やっぱり美女のほうがいいな（笑）。この車のイメージにぴったりなのが、片山由美子。'70年代に東京12チャンネル（現・テレビ東京）で放送されていたドラマ『プレイガール』に出演し、和製BB（ブリジット・バルドー）の異名を取った女優です。

車内のBGMには、あの時代の日野皓正が似合いそう。'70年に公開された映画『白昼の襲撃』のサントラなんてクールで最高。過ぎ去りし高度成長期に思いを馳せながら、ドライブを楽しみたいですね。

46
ISO RIVOLTA IR300GT
-1975-

15歳のとき、海外雑誌で見た一台に、
今も焦がれている。

1962年誕生。「イソ・リヴォルタIR300GTに乗って、乃木坂から赤坂辺りを周回してみたい。どこかモナコ感のあるコースだから、すごくこの車に似合うはず」と剣さん。その理想の“コース”内にある日枝神社を背景に。

〝ＩＳＯ〟といっても、カメラの撮影感度でもなく、企業のマネジメントシステムの規格でもない。かつてイタリアにあった自動車メーカーの名前です。

イソの中でも、僕の好きな車がリヴォルタＩＲ３００ＧＴ。最初に知ったのは、中学3年生頃だったかな。かつて、青南小学校の裏手にあった青山日生ハイツというマンションには、実の父親が一人で住んでいました。僕は、その数年前に離婚した母のほうに引き取られていたんですが、週末は父の家に入り浸っていた。

そこに置いていた自分専用の自転車で通った先のひとつが南青山の『嶋田洋書』。昨年、惜しまれつつも閉店しましたが、当時は青山通りと骨董通りの角、今『マックスマーラ』のある場所の裏に店があったんです。

あそこでは、ハワイのティキの本とか世界の珍しい飛行機の写真集とか、いろんな本を買いました。ある日、海外の自動車専門誌を立ち読みしていたら、衝撃的なほどカッコいい、シャンパンゴールドの車の写真が目に飛び込んできた。それがリヴォルタＩＲ３００ＧＴ。

１９６２年から'71年にかけて生産されていたこの車のデザインを手掛けたのは、若かりし日の名匠、ジョルジェット・ジウジアーロ。

全部のしつらえがいちいちいいんだけど、まずは顔ですね。あっさりした顔の美人みたいで、何ともいえない品がある。リアのピラーの細さも僕のツボにはまるし、車内のシートの色もまたたまらない。

イタ車でありながら、積んでるエンジンはアメリカのシボレー製。そのミックスぶりにも惹かれました。

ただ、この車、乗ったことはおろか、見かけたことすら一度もない。僕にとって、幻の車なんです。

そもそも、イソというメーカー自体、日本ではほとんど馴染みがない。だから、好きな車という話題でみんながフェラーリだランボルギーニだとはしゃいでいるときに「俺はイソだぜ」なんて言うと、ちょっとした優越感に浸ることができましたね。ちょうど、地方のマイナーな牛乳のフタを友達に見せ、「おーっ！」と言わせて悦に入る感覚に近い（笑）。

でも、リヴォルタＩＲ３００ＧＴ以外のイソの車に関しては、まったく心の針が振れない（笑）。しかも、40代になってとあるサイトで再会するまで、イソという名前自体を、完全に忘却していたんです。子供の頃はあんなに夢中になっていたというのに！　それ以来、この車に対する情熱がにわかに再燃しました。

助手席に乗せるのなら——どんな車でもそうだけど——とびっきりのいい女がいいな。あ、キーラ・ナイトレイなんてイメージにぴったり。シャネルのミューズとして「ココ・マドモワゼル」という香水の長編ＣＭに主演している彼女がお気に入りなんですよ。峰不二子みたいなベージュのジャンプスーツに身を包んだキーラ・ナイトレイが、同じ色のドゥカティ７５０ＳＳにまたがり、ヴァンドーム広場やコンコルド広場など、パリの街を疾走する。まさに'70年代のいい女を体現したその雰囲気は、贅沢で最高。

そんないい女を隣に乗せて、東京だったら、赤坂界隈を走ってみたい。外苑東通りの『ステーキハウス　ハマ』から乃木坂を下り、旧檜町小学校、そしてＴＢＳの前を通って山王の日枝神社まで……。

あの辺りには、さっき話に出た実の父が営む会社もありました。'70年代の甘酸っぱい思い出がたくさん詰まった港区を、憧れの車と一緒に満喫したいですね。

47

TOYOTA SPORTS 800

-1966-

6歳のとき、“ヨタハチ”のスペーシーぶりに
度肝を抜かれた。

1965年誕生。愛称は“ヨタハチ”。デザインの奇抜さに目を奪われがちだが、超軽量構造で空気抵抗が少なく、性能の面でも評価される。「ヨタハチに乗れるなら、ぜひ横浜マリンタワー周辺を走りたい」と剣さん。

ケンメリとかハコスカとか、印象的な愛称を持つ日本の名車は少なくありませんが、ヨタハチもそのひとつ。正式名称は、トヨタ スポーツ８００。１９６５年から'69年にかけて販売されたこのヨタハチは、個人的なメモリーも相まって、僕にとっては忘れることのできない車となっています。

というのも、小学校を卒業して間もない頃に僕の母親と結婚した継父が、独身時代にヨタハチでレースに出場していたんです。富士スピードウェイを走ったときの写真を見せてくれたし、実際、家まで乗ってきたりしたこともありました。トヨタ系のディーラーに勤めていたんで、その関係もあったのかも。

何よりも、このデザインに度肝を抜かれました。まるで宇宙からやってきたみたい。屋根が取り外しできるタルガトップといい、ヘッドライトのカバーといい、フェンダーのウィンカーレンズといい、ディテールがとにかくいちいちスペーシー。

モーターショーに出品されるコンセプトカーならともかく、市販車、しかもトヨタ初の大衆車であるパブリカのプラットフォームを流用した手軽な車なのにこの形。だから、相当なインパクトがあった。

愛嬌のある顔つきだから、子供たちの間でもかなりの人気。ミニラとかピグモンとか、そういったキャラクターみたいに親しまれてたんじゃないかな。当時一世を風靡したケロヨンというカエルのキャラは、テレビ番組の中でこの車を乗り回していました。

実は、ヨタハチは横浜とも縁が深い。日吉に住んでいた小学生の頃は、慶應義塾の校章のステッカーを貼ったヨタハチがキャンパスの駐車場に止まっているのをよく見かけたもの。

また、１９６０年代の横浜には、本牧を拠点とするナポレオン党という不良集団がありましたが、その周辺からゴールデン・カップスという本格的な和製Ｒ＆Ｂバンドが生まれたことからもわかるように、彼らは、最先端の流行を牽引する存在だった。そして、そのリーダーの愛車が、ヨタハチだったんです。

ナポレオン党が集合場所としていたのが、横浜マリンタワーの下にあった『ワトソンの店』というホットドッグスタンド。そこをスタート地点として、彼らは横浜の街を縦横無尽に走り回った。今、ヨタハチに乗れるなら、僕も真似してみたいものです。

そんなとき、カーステレオから流れていてほしい曲が、金井克子の「ミニ・ミニ・ガール」。彼女と由美かおる、奈美悦子、原田糸子の４人が出演した'60年代後半のテレビ番組『レ・ガールズ』のテーマ曲ですね。セルジュ・ゲンスブールが手掛けたフランス・ギャルのナンバー「娘たちにかまわないで」にも通ずる、あの時代ならではの雰囲気が何ともたまらない。

冒頭で、継父がこの車を駆ってレースに出場していたと言いましたが、プロの世界でもヨタハチは大活躍しました。'65年、豪雨の中、浮谷東次郎さんのヨタハチが生沢徹さんのホンダＳ６００を振り切った船橋サーキットでの全日本自動車クラブ選手権レースは、今なお伝説として語り継がれています。

この手の小型スポーツカー、最近はとんとお目にかかれないなあと残念に思っていたら、昨年の東京モーターショーで、トヨタがＳ-ＦＲという新車種を発表しました。まさにヨタハチの遺伝子を継承したこのコンパクトカーの発売を、心から期待したいですね。

48
NISSAN CEDRIC HONGKONG TAXI
-1971-

11歳のとき、香港の喧噪を走る
“血の色”のタクシーに衝撃を受けた。

ベースとなるセドリックは1960年に誕生。剣さんが初めての香港旅行で乗ったタクシーは初期セドリックの130型。「タクシーで巡る香港は“あの世感”がある。日本から近いのにNYより遠い感じがするんです」と剣さん。

初めて香港を訪れたのは、小学5年生のときのこと。

街の真ん中に位置し、世界一着陸が難しいといわれた啓徳空港に降り立った僕と父は、タクシーに乗り込みました。その車が、日産セドリックだったんです。当時の香港では、タクシーにもっぱら日本車を導入していた。その代表格が、特別仕様のセドリック。窓から上は銀色、その下のボディの色は、営業区域に応じて塗り分けられていました。香港島と九龍、つまり都心を走るのが、血のようにくすんだえんじ色の車。

道路に張り出した巨大な漢字のネオンサインが光り輝く喧噪の中を、タクシーは乱暴に飛ばしていく。車内にけたたましく鳴り響くのは、関西弁風に訛ったような広東語の無線の会話。カルチャーショックを受けました。正直、情報量が多すぎて、まだ小5だった自分には、受け止めきることができませんでしたが。

その衝撃をきちんと消化できたのは、大人になった'88年に再び香港へと足を踏み入れた旅でのこと。

空港で拾ったタクシーに乗り込み、ホテルのある香港島の「太古城（タイクーシン）」という地名を何度叫んでも、そのたび、運ちゃんは九龍側の中心街の名を挙げ「尖沙咀（チムサーチョイ）？」と聞き返す（笑）。何ともトンチンカンなやり取りから始まったこの移動のさなか、カーラジオから聞こえてきたのは、山下達郎さんの「GET BACK IN LOVE」の広東語カバー。アーバンかつエキゾチックな響きが、車窓を流れる香港のサンセットの風景にゆっくりと溶け合う。最高のシチュエーションにグッときました。

異国を訪れる場合のアプローチとして、タクシーに勝るものはないと思っています。不安感と好奇心がいい具合にブレンドされたあの空間といったら！

運転手さんは勝手に自分の好きな音楽をかけ、それに合わせて鼻歌を口ずさんだりする。韓国ならポンチャック、インドネシアならダンドゥット、土着的な音楽に垣根なしに触れられるのがいいですね。

バックミラーにぶら下がった得体の知れないお守りもまた興味深い。そして外国のタクシーは、日本とは違って、エアコンの設定温度も運ちゃん自身の感覚次第。だから、やたらと寒かったり暑かったり……。

この車を降りるとき、初めて、後部座席のドアに「的士 TAXI」という文字が記されていることに気づきました。この言語感覚に震えるような興奮を覚え、「香港的士」という楽曲が生まれたんです。

この曲はまず、神崎まきちゃんという女性シンガーが'94年にリリースしたアルバム『一緒にいたい！』に提供。その後、1998年に発売した「横山剣自宅録音シリーズ」というカセットテープにも自らの歌唱の原曲が入っています。クレイジーケンバンドが発表するアルバムにも、できたらこの曲をCKB仕様で録音しておきたいと思っているところ。

そもそも、2度目の香港上陸の肝心の目的は、僕が作った楽曲を現地に売り込むことでした。池袋の華僑を通じてコネクションを獲得し、アポイントメントを取った相手の名は「ミスター東郷」（笑）。初対面の席では、引きつった笑顔で握手を求めてきました。

こんな名前ながら台湾生まれである彼との出会いを機に、僕が当時率いていたZAZOUというバンドは、なぜか当初の意図を逸脱して台湾で不思議な活動を繰り広げることになります。その珍道中は、長くなるのでまた別の機会にじっくりと説明させてください（笑）。

49

ISUZU FLORIAN

-1970-

10歳のとき、「イイネ！」のオリジネーターの愛車で、
夜の海水浴に出かけた。

1967年に誕生。既存モデルにして大衆車であるベレットの、やや上級中型車として企画された。「ベレGを狼派とすれば、フローリアンは羊派。広々として乗り心地はよく、サロン的な車ですね」。幼き剣さんがフローリアンで訪れた夜の稲村ヶ崎を背景に。

クレイジーケンバンドのライブで横山剣が何度も繰り出す定番の台詞といえば、「イイネ！」。そのキャッチフレーズのオリジネーターが、僕の母の兄、つまり伯父の高田耕太郎なんです。

親戚の子供同士が遊んでいる居間の障子を開けたかと思うと、笑顔を浮かべて「いいねえ……」とだけ言い残し、障子を閉めて去っていく（笑）。

その彼の愛車が、いすゞのフローリアンでした。

1967年に登場したこの車は、いすゞ117クーペのセダン版という位置付け。お尻が下がったような独特のデザインが不評だったと聞きますが、僕はむしろ、そこに惹かれる。人懐っこさを感じるんですよね。

伯父がアイボリーのフローリアンに乗り始めたのは、両親が離婚して、僕が母方のおばあちゃんの家で暮らしていた小学3年生の頃。寂しさを感じていた甥っ子に、高田耕太郎は父親代わりとして接してくれました。彼の娘2人と僕は、まるで本当の兄妹みたいだった。

高田一家が千葉の花見川団地に住んでいた当時は、谷津遊園とか、成田山新勝寺とか、鹿島神宮とか、千葉周辺にいろいろと連れていってもらいました。帰りは横浜にあるおばあちゃんの家まで送ってくれるわけだけれど、これがまあ、高速を飛ばす飛ばす。

戦闘機乗りのように、「110キロ！　120キロ！　130キロ！」と叫びながらアクセルを踏んで加速する。しかも、BGMは8トラのカセットから流れる軍歌（笑）。だんだん顔が紅潮し、こめかみには血管が浮き出て、その表情の恐ろしさといったらない。僕も含め、同乗してる家族は、みんな体が硬直してましたよ。

いかにもセダン然としていながら、フローリアンは意外に速い。そのことを実感させられました（笑）。

その後、高田耕太郎の一家は、横浜の洋光台団地に引っ越します。夏を迎えて、さあ、鎌倉の海に遊びに行こうという話になった。子供は盛り上がって、朝の6時ぐらいにはもう目が覚めちゃった。

ところが、「ドライブの前に、まずはご飯を食べましょう」「次は洗車をしましょう」「ゴムボートを膨らませましょう」と、伯父の提案のとおり行動していたら、いつの間にかお昼。なのに、今度は「ちょっと昼寝をしましょう」。ああしましょうこうしましょうと言ってるうちに、すっかり夕方になっていた（笑）。

僕らは、もういいやとあきらめムード。一方、高田耕太郎は「じゃあ行きましょう！」とやる気満々。

沈み込んだ雰囲気の車中、ハンドルを握る伯父は、何度も「いいねえ……」と独り言を繰り返す。何言ってんだ、全然よくないよ！　かと思えば、バックシートでは下のいとこが、♪ウララ〜 ウララ〜 ウラウラで〜 と、山本リンダの「狙いうち」を歌い続ける。それがまた、どんより感をさらに増幅させる（笑）。

ようやくたどり着いた夜の稲村ヶ崎は、当然ながら真っ暗闇でした。そんな海で泳いだ何とも不思議なやるせなさは、今も忘れられません。

50

CHEVROLET EL CAMINO

-1977-

17歳のとき、パームツリーの似合う店に横付けされた、
いい女が駆る一台に目を奪われた。

1959年に初代エルカミーノが誕生。剣さんが好きな3代目は'68～'72年に製造された。最終的には5代目('78～'87年)まであった。「この大きさで2人しか乗れない。"帯に短し、襷に長し"感がたまらない。2台でつるんでパームツリーのある通りを走りたい」と剣さん。

クレイジーケンバンドの「Loco Loco Sunset Cruise」という曲には、シボレーのピックアップトラック、エルカミーノが登場します。僕の脳内では、1968年にデビューした3代目を想定しました。

主人公は、葉山の海で行われたパーティで小麦色の肌のイチバツ女子をナンパ。横須賀に住むその彼女と一夜をともにするも、それ以上の深い仲になってしまわぬよう未練を断ち切り、愛車であるエルカミーノに乗って夕焼けに包まれた横浜横須賀道路を飛ばし、妻子の待つ横浜のマイホームへと急ぐ。

……という物語のすべてはスタジオでの仮眠の間に見た夢だった、と落ちが付く歌詞なんです（笑）。実際、この車を手に入れることは、僕にとってずっと夢のまま。これだけ大きいのに2人しか乗れないというのは、買い物としてあまりにも冒険的でしょう？ 歌の舞台には葉山を選んだわけだけど、あの辺の道は狭いから、間違いなく運転に難儀するはず（笑）。

この車に初めて触れたのは、小学4年生の頃。といっても、それはホットウィールというブランドのミニカーでした。エルカミーノとは一言も明記されていなかったけれど、確実にモチーフはエルカミーノ。

本物を目の当たりにしたのは、ハイティーンを迎えてから。本牧の『アロハカフェ』や元町の『コパルーム』といったパームツリー感漂う店の前に、エルカミーノが横付けされるのをよく見かけたんです。髪をなびかせながら運転席から降りてきたのは、まるで当時の服部まこみたいな、杏里みたいな女性。僕の一つか二つ年上だったかな。ワイルドでカッコよくって、女に生まれるならこうなりたいと憧れました。

思えば、'80年代に自分が好んで通った店は、サーファー文化の薫りの濃いところが多かった。できることなら、ロングボードを荷台に積んだエルカミーノでそんな店に乗り付けてみたかったもの。

その代表が、自由が丘にあった『パパス&ママス』です。初めて連れていってくれたのは、筒美京平さんの弟としても知られるポリドール（当時）の名ディレクター、渡辺忠孝さん。僕が楽曲を提供していたムーンドッグスというバンドに関するミーティングが目的でしたが、その後、自分一人でも足を運ぶようになりました。モニターにサーフィンの映像がずーっと流れるこの店は、ハンバーグがとにかく美味しくてやみつき。

松崎しげる並みに真っ黒に日焼けしたオーナー・金子宗虎さんの口癖は「人生娯楽、これっきゃない」。それをまた、いいタイミングで言うんですよね。さらに、その奥さんもカッコいい人だったなあ。

エルカミーノは、スペイン語で「道」という意味。だから、この車は西海岸のチカーノ、つまりメキシコ系アメリカ人たちの感覚と共鳴しますすね。

音楽で言うなら、パーカッショニストのボビー・ラカインドが参加した頃のドゥービー・ブラザーズを思い起こす。ラテンなテイストがこの車にぴったり。

あとは、ハワイアンAORのカラパナとか。ベタすぎて恥ずかしいけど、彼らの十八番である甘いラブバラード「愛しのジュリエット」をBGMに、海風に吹かれながらエルカミーノを走らせてみたいなあ。〈ジョーバン〉のムスクオイルをたっぷりと体に振りかけ、〈ファーラー〉のチェックのフレアパンツを身に着けて、足元はワラビーの靴でキメて。もちろん、頭は長髪。絶対に叶うはずのない夢だけど（笑）。

51

ISUZU GEMINI

-1974-

14歳のとき、車好きの心の隙間に引っかかる
フェティッシュな一台を知った。

1974年に初代ジェミニが誕生。イラストのような綺麗なレモンイエローが象徴的なカラー。「どこかクォーターのような、エキゾチックな車ですね」と剣さん。本文にも出てくる、横浜中華街にあった『パンアメリカン ホット・ドックコーナー』を背景に。

クレイジーケンバンドの歌詞に最も多く登場する車種といえば、いすゞのベレット1600GT。ただ、その晩年はどうにもこうにも微妙だった。前後のライトのデザインがプラスチッキーになった1971年のマイナーチェンジにはがっくりしましたね。

そのベレットの後継シリーズとして'74年にデビューしたのが、ジェミニでした。

同一のプラットフォームを利用したさまざまな車種を、世界各国の提携先で生産する。そんなGMの戦略に基づいて生まれたこの車は、オペル・カデットがベースとなっています。その他の姉妹車には、シボレー・シェベット、ポンティアック1000などがありました。

何の変哲もないスタンダードな車なんですが、実にスタイリッシュなんですよ。イケアの家具みたいに、お手頃なんだけど色味やデザインがいい。当時のヤナセのディーラーに並んでいたとしても遜色ない。フォルクスワーゲン・ゴルフに通じるセンスを感じます。

直線的なボディライン、それから、クッと内側に切れ込んだノーズもまたカッコいいですね。

CKBの「珈琲ブーガルー」という楽曲には、〝レモン・イエローの初期型ジェミニ〟を転がす女の子が登場します。彼女が乗りつける〝深夜営業の珈琲コーナー〟のモデルとなったのは、横浜中華街にあった『パンアメリカン ホット・ドックコーナー』。2010年に惜しくもクローズしたこの店は、とにかくメニューが豊富でした。こんな店名ながら、隣にタクシー会社があったからか、焼魚定食まであった（笑）。しかも、何を食べても旨いんですよ。店のおじさんが、きちんとネクタイを締めた白いYシャツ姿で、よく町役場の人などが使っていた黒い腕カバーを着けて料理を作っていました。懐かしいなあ。

　初代の後も、ジェミニは車好きの心の隙間に引っかかるような、フェティッシュな車としてリニューアルを重ねる。「街の遊撃手」をキャッチコピーに掲げた2代目は、パリを舞台に、華麗かつアクロバチックな走りを披露するCMが大きな注目を浴びました。

　僕は、'90年に発売された3代目のジェミニを愛用しました。結婚する直前だったから、'95年ぐらいかな。パキスタン人の社長が営む中古車業者からたったの3万円で入手したその4ドアセダンは、もちろん値段なりに相当くたびれていましたが、それゆえ、健康サンダルみたいに気楽に乗り回すことができました。借りていた駐車場に止めて家に帰るときも、鍵すらかけない。盗まれることもないだろうと思って。すごく調子よかったんですが、1年ほどたったある日、突然ぽっくり。まさにピンピンコロリでした（笑）。

　ジェミニと聞いて連想する音は、キャロルのギタリストだった内海利勝さんが'76年に発表した『ジェミニ』。イギリスのシマロンズを迎えて制作したこのアルバムは、日本ではかなり早い時期にレゲエを銘打った一枚。5月30日生まれの内海さんの星座である双子座を英訳すると、ジェミニになるんです。

　とは言いながら、この車で聴きたい音楽といえば、レゲエとは正反対のスカンジナビア系の音楽。例えばカーディガンズとか、トーレ・ヨハンソンがプロデュースした作品なんてぴったりですね。

　いすゞが乗用車市場から撤退し、トラックやバスの生産に専念することになったのは２００２年のこと。いい車が多かっただけに、残念に思っています。

52

HONDA INSIGHT

-1999-

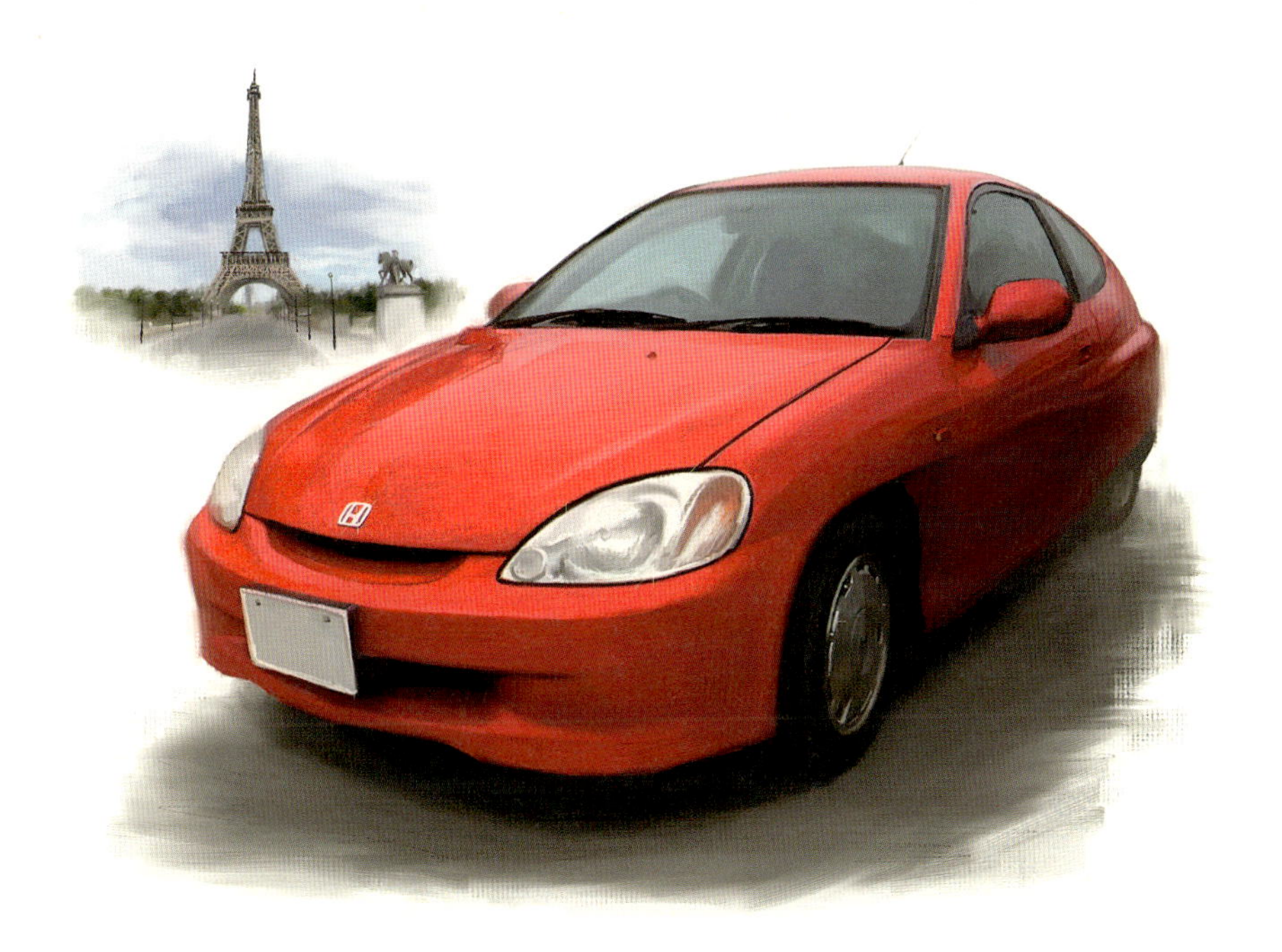

39歳のとき、まさに“未来デザイン”な
エコカーに胸を撃ち抜かれた。

1999年に初代が誕生。「ノストラダムスの予言で地球が消滅すると言われた後に、こういう近未来の車が出たのが面白い。今あらためて見ると、レトロフューチャー感があってセンスで乗りこなしたら楽しそう」と剣さん。この車を運転したいというパリの街を背景に。

インサイトは、ホンダが初めて市場に投入したハイブリッドカーです。

初代が発売された1999年に初めて目にしたときの感想は、モーターショーで展示されたコンセプトカーが、そのまんま世に出てきちゃったなというもの。

普通、華々しくモーターショーで披露された車は、いざ量産されることになると、一般消費者にも受け入れられるように仕様がおとなしくなってしまう。だけど、インサイトは違った。未来の車が、まさに目の前に降臨した、という感じ。

アンテナが側面じゃなく屋根のてっぺん、しかも後頭部側に付いてるのが憎い。この昆虫感、僕にとって、未来カーには欠かせない要素のひとつなんです。

そして、何よりも驚いたのが、後輪にかかる部分のボディのデザイン処理。

普通の車ならばタイヤの形に沿って湾曲するはずの車体の下辺が、まっすぐに、まるでスカートの裾みたいにタイヤの上半分を覆っている。このスタイリングが、決定的に僕の胸を撃ち抜きました。

このカッコよさからは、シトロエンをはじめとするフランス車に近いセンスを感じます。

だから、インサイトを運転したい場所といえば、パリ。バトー・ムッシュという遊覧船を横目にセーヌ川沿いを走ったり、サンジェルマン・デ・プレの教会があるあたりを転がしたり……。もちろん、凱旋門へと向かうシャンゼリゼ通りなんかもいいですね。

そんなときに、偶然カーラジオで流れてきてほしいのが、アンリ・サルヴァドールのナンバー。

２００8年に90歳の天寿をまっとうした彼は、シンガーソングライターであり、ギタリストであり、俳優であり、テレビ番組の司会者でもあった。そのマルチな才能は、同じフランス人であるセルジュ・ゲンスブールやボリス・ヴィアンにも通じます。

インサイトは、都市型の車なんですよね。かわいい小動物のように、細い道路や狭い駐車場にも小気味よく対応してくれる。もちろん、東京にだって似合います。今なら、ｃｅｒｏとかVIDEOTAPEMUSICとか、そのあたりの音楽を聴いてる若者に乗っていただきたい。

といいながら、僕自身はこのインサイト、一度も乗る機会には恵まれなかったんですよ。残念。

初代インサイトは、'06年に販売を終了します。街の中で見かけることは多くありませんでした。ハードルが高かったのかな。最新技術のハイブリッドだから値も張ったし、デザインも相当冒険的だったし、２シーターという点も使い勝手に難があるし。

ところが、'09年に再デビューした2代目インサイトは、異例の特大ヒットを記録します。ライバルのプリウスに寄せスタイルを一新、５人乗りのファミリーカーに生まれ変わったことが成功の要因。でも、やっぱり僕は、初代にこそ愛着があるんですよね……。

53
MERCEDES BENZ E55 AMG W210
-2003-

43歳のとき、チカーノ感をまとった
ドイツ生まれの“アメ車”に一目惚れした。

1995年に5人乗りセダンのE55型が誕生。ちなみに、
剣さんが所有していたのは2001年モデル。背景は、
剣さんがこの車がよく似合うという横浜の中華街。

２００３年頃、ロサンゼルスを訪れた僕は、オールドチャイナタウンへと足を運びました。そのとき、目の前を通り過ぎたのが、メルセデス・ベンツのＥ５５ ＡＭＧ Ｗ２１０という、当時Ｅクラスの中で一番ホットなＡＭＧの４ドアセダンです。ハンドルを握っていたのは、恐らくチカーノ（メキシコ系）男子。その瞬間から、Ｅ５５ ＡＭＧ Ｗ２１０が急に輝きを放ち、カッコよく見え始めた。ということで、矢も盾もたまらず帰国後に早速算段をつけ、中古を入手しました。

'04年にリリースしたクレイジーケンバンドのアルバム『Brown Metallic』のジャケットを開けば、僕が実際に乗っていたこの車の写真が載っています。

ところが、横山剣がベンツを買ったと小耳に挟んだ周囲の評判は、決して芳しいものではなかった。ちょうどバンドが売れ始めた時期だったこともあって、「はいはい。結局ベンツになっちゃうんだよね」とか、皮肉っぽく言われるんですよ。こんなとき、仮にもっと高いアメ車、例えばハマーとか、キャデラックのエスカレードとか、１０００万円以上するような車を買ったとしても何も言われないのに、ベンツに乗りだすと、選んだ決め手は一切無視で、成り金の典型的な振る舞いのように見なされてしまう。

チカーノ的なカルチャーに対する興味が高まっていた気持ちにこの車がジャストフィット。ドイツ車というよりアメ車のような感覚でとらえていたんですが、そういう入り組んだ気持ちはわかってもらえない。

Ｗ２１０を買うときにこだわったのは、アメリカ仕様の左ハンドルであることでした。

だけど、いざ運転してみると、とにかく不便。例えば、駐車券ひとつ取っても、日本では右ハンドル車が前提になっているから、発券機から受け取るためにはかなり無理して手を伸ばさなきゃならない。

いろいろと面倒くさくなってきたので、1年ほど乗った後、後継モデルのW211に買い換えました。もちろん、言うまでもなく右ハンドルです。それが快適で、こちらは結局11年ぐらい乗り続けました（笑）。ただ、W210を買った途端、車雑誌の取材がいくつも舞い込んだのは嬉しかった。彼らは、チカーノ感に惹かれる僕の気持ちをわかってくれていたんです。

その一方、ベンツには、やっぱりオラオラなイメージもまとわりついていますよね。確かに、第三京浜や東名で、自分の車の後ろにピターッとくっついて走る嫌みな感じのベンツには何度も遭遇しました。

実際に運転してみると、その理由がわかった。走行性能があまりに安定しているから、気がつくと、前の車に追いついてしまっているんです。そのたび、ハッとして距離を空けるんですけどね。ドライバーが意地悪なわけじゃなかったんだなと納得しました。

この車で走りたい日本の街は、その魅力に開眼したのがLAのチャイナタウンだから、横浜中華街。

海外から帰って、羽田や成田に着いて空腹を感じると、僕はまず中華街を目指し、そこで食事を取るんです。そうすると、まだ気分は全然異国。

深海に潜って作業を行うダイバーは、陸での生活に戻る前に、減圧タンクと呼ばれる部屋に入り、徐々に地上の気圧に適応するよう体の調子を戻していく。僕にとって横浜中華街は、心身を非日常から日常へとスムーズに移行させるための装置が設けられた、いわば減圧タンクみたいな場所なんです。

54

ASH / CKB JOHN KREBS RACING CHEVROLET SS

-2016-

56歳の今年、「イイネ！」ポーズとCKBのロゴが入った
レーシングカーに興奮した。

こちらのスペシャルなレーシングカーは、シボレーSSの2016年モデルである、4ドアのスポーツセダンを2ドアにアレンジしたもの。今年8月にはNASCARシリーズでワシントン州の「Evergreen Speedway」のオーバルコースを疾走した。

先日、「クレイジーケンバンド、NASCAR参戦」という見出しが、東京中日スポーツの紙面を飾りました。NASCARとは、アメリカで開催されている人気のカーレースのシリーズ。といっても、もちろん僕自身がドライバーとして出場するわけじゃない。

これは、10年来の友人である古賀琢麻選手のNASCARへの復帰に合わせたコラボ。車体には僕が「イイネ!」のポーズを取るシルエットでお馴染みのCKBのロゴが入り、チーム名自体が「ASH / CKB JOHN KREBS RACING」に変わりました。古賀さんは現在39歳。彼と僕は、そもそも、アメ車が好きで、さらに矢沢永吉も好き、という共通項から親しくなっていったんです。

12歳のときにレーシングカートからキャリアを開始した古賀さんは、フォーミュラ・トヨタというカテゴリーを経て渡米。2000年からNASCARに参戦します。当時は、トラックを含め、さまざまなクラスにチャレンジしてましたね。'09年にいったん戦線を離脱し、地元である名古屋で会社を経営する傍ら、シボレーの開発ドライバーなども務め、成功を収めます。

約10年ぶりにNASCARへと舞い戻った彼がステアリングを握るのが、シボレーSS。レース仕様こそ2ドアに改造されていますが、'13年にデビューしたこの車の市販バージョンは、パッと見、地味でオーソドックスな4ドアセダンです。

ところが、そこに積まれているのは、コルベットのL3という化け物みたいなエンジン。イタリアのメーカー、ブレンボのものすごいブレーキがついていたりと、足回りもただものではない。そもそもこの時代に、排気量が6200㏄なんだから驚いてしまう（笑）。「スーパースポーツ」の略称であるSSという名に恥じることのない見事なスペックは、まさにマニア垂涎です。

外見との痛快なギャップは、その昔、マスコミがスカイラインについて表現した〝羊の皮をかぶった狼〟なるキャッチフレーズを思い出させます。ただ、その能力を持て余してしまうからか、シボレーの日本正規ディーラーでは、この車を扱っていない。でも、僕にとっては、今一番欲しい車ですね。ぜひ、普段の足として乗り回してみたい。現実的にガソリン代を考えると、二の足を踏みますけど（笑）。

子供の頃から、NASCARだけじゃなく、インディをはじめとするアメリカンレーシングには親しんできました。当時は、日本のテレビでも朝の時間帯なんかにその模様が放送されていたんですよね。そこには、F1を頂点とするグローバルなモータースポーツとは一線を画した独自の文化が存在する。

実は、その素晴らしさに惹かれ、遠路アメリカまでわざわざレースを観に行ったこともあります。そのとき、カリフォルニアのウィロースプリングスにあるサーキットで観た大会は忘れられません。

その大会は、アマチュアドライバーばかりがエントリーするヴィンテージカーの競技会。しかも、英国車限定というマニアックなレースだったんですが、そこで目にしたオースティン・ヒーリーという車に一目惚れ。その後、うっかり中古車の出品を発見するやいなや、衝動買いしちゃいました。

幼い頃からずっと憧れ続けてきたNASCARに、こういう形で参画することができるなんて、本当に興奮が収まりません。

55

JAGUAR F-TYPE

-2015-

55歳のとき、ふいに出合った
肉感的でセクシーな一台に胸が高鳴った。

2013年に誕生。「ベンツだと質実剛健すぎて非の打ちどころがない。ジャガーのちょっと足りない感じがかわいい。それにしても、ジャガーか、ジャグヴァーなのか？」と剣さん。

あれは２０１５年のこと。何の用事だったかすっかり忘れちゃいましたが、六本木の東京ミッドタウンに足を運んだら、1階のアトリウムの奥のイベントスペースに、ジャガーの車が3、4台展示してあった。そこでは、コンパニオンの綺麗なお姉さんが渡してくれる簡単なアンケートに答えれば、タダで飲み物がもらえる。それに釣られて回答を提出した後は、車をしげしげと観察してみたり、お姉さんをからかってみたりしながら、時間をつぶしていました。

その場に並ぶ車の中でも、ひと際僕の目を引きつけたのが、オレンジ色の2シーター。Ｆタイプです。どうぞどうぞと促され、運転席に身を沈めた瞬間、その当時、久しく感じることのなかった類の興奮を味わった。エンジンをかけてもいないのに、そのスポーティな感覚に魅了されました。「欲しい！」と心の中で叫んでしまいましたね。Ｆタイプは、'13年にジャガーが世に送り出した純然たるスポーツカー。実際のサイズ以上にボリューミーなボディは、肉感的ですごくセクシーなんです。

お値段はといえば、８００万円台。安くはありませんが、このテイストを押し出しながら、この値段にとどまっていることには驚きます。同じようなスペックのドイツ車だったら、軽く桁が1つ増えますよね。

ここのところ、英国車が俄然、輝きを増している。数年前にベントレーが話題になったかと思えば、次はついにジャガーが攻めてきた。アストンマーチンやミニも、結構ブレイクしてますからね。

子供の頃、僕が最初に憧れたジャガーは、Ｅタイプ。販売されていた期間は、１９６1年から'75年まで。その名前からも想像できるとおり、Ｆタイプの前身に位置づけられる伝説的なスポーツカーです。

当時、五反田と旗の台の間のどこかに、ジャガーの車を扱うディーラーがありました。確か、新東洋という会社だったかな。母親の運転する車が中原街道を走っていると、垂涎の名車の数々が並ぶショールームが視界に入る。「止めて止めて！」と言って、車窓からジャガーたちを写真に収めたものです。

以前、完璧にレストアしたEタイプに乗っている人に会ったことがあります。今や本体自体も高いのに、パーツまで新品に総取っ換えしている。いくらかかったかはわざわざ尋ねなかったけど、恐らく相当なもの。後で聞いたところによると、その人の家の中には川が流れていて、桜の木も植えられているそう。どれだけ金持ちなんだと、嫌になっちゃった（笑）。

Fタイプは、Eタイプ以来途絶えていたジャガー製ピュアスポーツカーの系譜を継ぎ、満を持して投入された車種。ブランドの本気度が伝わってきます。

もしもFタイプに乗ることができるなら、青山から赤坂あたりを流してみたい。そして、青山一丁目の交差点近くにある、我々クレイジーケンバンドの所属するレコード会社、ユニバーサル ミュージックの駐車場に颯爽と乗りつけたいですね（笑）。ユニバーサルの地下駐車場には、いつもいい車が止まってるんですよ。アーティストの車なのか、お偉いさんの車なのか、興味津々なんですが……。

そのときのBGMは、もちろんきちんと義理立てして、ユニバーサルからリリースされている音源（笑）。今だったら、ビートルズのライブアルバム『ライヴ・アット・ザ・ハリウッド・ボウル』なんかが似合いそうですね。

56
NISSAN BLUEBIRD 510SSS
-1968-

8歳のとき、後にワープを体感させてくれることになる
一台を目にした。

初代ブルーバード(310型系)は1959年誕生。今回紹介する510型系は3代目で1967年の発売。「四角をベースとした車体にもグッときます。セダンもいいけど、バンもカッコいい!」と剣さん。「この車がよく似合う」という、原宿駅前のコープオリンピアを背景に。

ブルーバードの3代目に当たる510は、1967年にデビュー。北米では「ダットサン510」という名前で親しまれ、その時代の日本車としては異例のベストセラーを記録しました。何でも、免許を取りたての高校生がまず最初に乗る車の定番だったそう。

スヌープ・ドッグが2008年にリリースしたアルバム『エゴ・トリッピン』のジャケットを飾るのは、ダットサン510の前でウンコ座りしながらこちらをにらんでいるスヌープの写真。恐らく、彼にとっても思い出深い車だったんじゃないかと想像しています。

僕がこの車を初めて目にしたのは、小学校低学年の頃。510の中でも、スーパー・スポーツ・セダンを略したSSSというモデルにはグッときました。

実際に510SSSを体感することができたのは、'70年代末。当時、僕は青山にあった『チョッパー』という洋服屋で働いていたんですが、その店の経営者にして、ロックンロールバンド、クールスのリーダーでもあった佐藤秀光さんの愛車がこの車だった。秀光さんが運転する510SSSに乗って、馬喰町あたりの問屋街まで品物を仕入れに行ったものです。マスダ増とか、丸中商会とか、いろんな問屋に行ったなあ。その帰りは、荷台にも後部座席にも商品を満載して、助手席の僕まで荷物を抱えるという状態でした。

青山と馬喰町の間は結構な距離があるのに、僕らの乗る510SSSは、いつも常識では信じられない所要時間で走破していました。まるでワープ!（笑）。猛スピードで飛ばすから、ドライブを楽しむ余裕なんか微塵もない。そんなものすごい運転ぶりにしっかりと呼応する走りを体験して、これは相当いい車なんだろうなと感じました。特に、名機と讃えられるL型エンジンの力強さには驚くばかりでしたね。

秀光さんは、車の運転のみならず、何もかも"Play Fast"(by白洲次郎)。問屋から百個単位で大量に仕入れたボタンを必死で数えている最中に「早くしろ、早く!」なんて大声で急かすから、数がわからなくなっちゃう(笑)。食べるのも速い。井ノ頭通りの代々木公園交番がある交差点の近くに、『トキ』というレストランがありまして、秀光さんに言わせると、そこのカレーは「涙が出るほどうまい」。ところが、秀光さんがカレーを完食して「行くぞ!」と告げたその時点で、僕はまだ半分も食べられていない。立場的には、残すしかない。別の意味で涙が出てきましたよ(笑)。

その頃、僕と一緒に「デュオグライド」というバンドをやっていた清野修君も510SSSに乗っていました。彼が、練習スタジオのあった青山と僕が住んでいた用賀の間を送り迎えしてくれたんですが、これまた信じられないスピードで移動していた(笑)。

ちなみに、デュオグライドというバンド名は、秀光さんが乗っていたハーレーダビッドソンのデュオグライドというバイクの車種から採ったもの。忠誠心を表したわけです。あなたの子分ですよと(笑)。

510の特徴のひとつに、4つの車輪が独立して上下する四輪独立懸架というサスペンションの構造が挙げられます。それもあってか、コーナリングの安定性は抜群でしたね。少し車高を落とすと、左右のタイヤがハの字に広がる。スクエアなボディと相まって、他にはないカッコよさを醸し出していました。

クールスでは、ボーカルの水口晴幸さんもこの車を持っていた。あの界隈ではすごい人気でしたね。

57

HINO CONTESSA 900 SPRINT

-1972-

12歳のとき、あまりにもスタイリッシュな
“幻の名車”にくぎ付けになった。

1962年誕生。各国のモーターショーで巡回展示され、'63年の東京モーターショーにも参考出品。「フランス的でもあり、イタリア的でもある一台ですね。“未来都市感”の雰囲気がこの車によく似合う」と剣さんが言う羽田空港国際線ターミナルを背景に。

小5から高2までの頃の自分は、大人になった今以上に車の雑誌を熱心に読んでいました。『オートスポーツ』『オートテクニック』『カートップ』……、一番熱中したのは『カーグラフィック』かな。

そんな中、誌面で出合ったのが、日野コンテッサ900スプリントというクーペ。あまりにも未来的なそのフォルムは、まさに僕の理想。衝撃を受けましたね。

スタイリングを手掛けたのはイタリアの有名デザイナー、ジョヴァンニ・ミケロッティ。エンジンとサスペンションのチューンナップを行ったのは、同じくイタリアが誇る伝説のエンジニア、エンリコ・ナルディ。ナルディは、今ではもっぱらステアリングの高級ブランドとして名前を知られていますね。

1962年のトリノモーターショーでお披露目され、その後も各国のショーを巡回したこの車は、いわゆるコンセプトカー。パリコレで発表される大半の洋服のように、ショーに登場するだけで終わってしまった。

噂では、イタリアで生産が行われる予定がありながら、あまりにもショーでの評価が高かったため脅威を覚えた欧州メーカーからの圧力を受け、市販を断念したんだとか。もしも本当に売られていたら、大ヒットしたんじゃないかな。まさに幻の名車ですね。

ベースとなったコンテッサは、日野自動車が発売していた乗用車のブランド。1300クーペをはじめ、僕が心惹かれる車種も多かったんですが、900スプリントの魅力といったら、もう段違い。

イタリアで行われるクラシックカーレース、ミッレミリアにこの車で参戦してみたいですね。往年の欧州の名車のみを対象とするこの大会、条件上はエントリーできないけれど、もしもコンテッサ900スプリントを走らせて「これ、実は日本車なんですよ」なんて明かしたら、さぞかしびっくりされるでしょうね。と言いながら、排気量は900ccほどだから、車としてはだいぶ非力（笑）。でも、いいんです。その魅力は、ダイナミズムにはない。いっそ電気自動車でもいいぐらい。下手したらタイヤすらなくていい。ホバークラフトとかリニアモーターカーとかみたいに、路面から浮いて走ったりしたらカッコいいんじゃないかな。だから、この車が似合うのは、架空の未来都市。国際空港の前なんかを走ったらバッチリ決まりそうですね。未来とは矛盾するけど、その背景には、今はなきパンナムのジェット機が止まっていてほしい（笑）。野宮真貴さんがステアリングを握っている姿が目に浮かぶなあ。〈マッセメンシュ〉というブランドの、アイビーとスペーシーが共存した洋服を着て、髪は真知子巻き。よく考えてみたら、現実の野宮さんが免許を持っているかどうかは知らないんですけど（笑）。

だから、車内で聴きたいのは野宮さん在籍当時のピチカート・ファイヴ。小山田（圭吾）さんがプロデュースに参加した『BOSSA NOVA 2001』あたりがハマりそうな気がします。

決して本物が手に入ることはないから、ミニカーで作ってほしい。トミカなんかが出してくれないかなあ。32分の1のモデルがあったら最高なのに。

僕は、日野の大型商用車も大好き。子供の頃は、トラックの運転手になれたら日野のレンジャーに乗りたいと言っていました。さらには、たまたま乗ったバスが日野の車だったりすると手を叩いて喜んでいたんだから、ずいぶん変わった少年ですよね（笑）。

58
CHRYSLER 300 SRT8
-2017-

まさに今、人生最後のガソリン車になるだろう
一台を手に入れた。

初代のクライスラー300は1955年に誕生。クライスラーを代表する高級セダンである。300SRT8は2011年に発表された。剣さんが「300SRT8の実力を堪能すべくドライブしてみたい」という東名高速にあるEXPASA海老名を背景に。

今、僕が夢中なのは、2015年10月に内、外装ともフェイスリフトを施し、よりアグレッシブなアメリカンデザインとなったクライスラー300の最上級グレードSRT8です。SRTとは「ストリート&レーシング・テクノロジー」を意味し、クライスラーの中でも、特にハイパフォーマンスな車種に与えられる名称。ベンツでいうところのAMG、BMWでいうところのMに当たります。クレイジーケンバンドが今年のテーマとして掲げている「攻め」という言葉を体現したかのごとき黒ライオンなルックスに惹かれました。8という名のとおり8気筒にして、排気量は何と6400cc!

実はこれと並んでもう一台、買いたいなあと迷っていた車がありました。それは、テスラのモデルS。大排気量の300 SRT8とは正反対の電気自動車で、こちらもまためちゃくちゃ速くて面白い。ただ、電気自動車に対するインフラ整備がまだ行き届いていない現状を考えるとどうしても二の足を踏んでしまう。近い将来、電気自動車が主力になることは疑いないでしょうが、それまでの残された時間は、ガソリン車を存分に楽しみたい。人生最後のガソリン車だと割り切ってしまえば、V8の6400ccも悪くないなって(笑)。

試乗でエンジンをかけた瞬間、チューンナップなしのノーマルな4ドアセダンがこんなにもド迫力の重低音を鳴らすのかと驚いた。また、タッチパネルの操作ひとつで、足回り、ステアリング、ミッション等のセッティングを好みのモードに変更できる。そして、現実的なメリットは、想像よりも燃費が悪くなく、アメ車なのに右ハンドルだから、日常の足としても申し分ない。ハーマンカードンのシステムを搭載したオーディオも素晴らしい。車内では、ベース音が気持ちいいサウンド、'90年代のヒップホップソウル、例えば

R・ケリー、アリーヤ、TLC、SWVなんて最高。この車の実力を味わい尽くすには、長距離を走破するのがいいでしょう。名古屋ぐらいまで、ドライブを楽しんでみたいですね。その途中には東名高速の海老名サービスエリアで休憩して、駐車場に止めたこの車を少し遠くからしげしげと眺めてみたいものです。

僕らのバンドが'06年に発表した「AMANOGAWA」（『GALAXY』所収）という曲のPVには、同じ300シリーズの先駆車種である300Cが登場しています。これにとどまらず、クレイジーケンバンドとクライスラーの間には、実は浅からぬ縁がある。ドラムスの廣石恵一氏の愛車はジープ・ラングラー、トランペットの澤野博敬氏はジープ・グランドチェロキーSRT8を所有。10年前にリリースしたアルバム『SOUL電波』に収録した「HEMI HEMI DODGE CRUISING」は、クライスラーの別ブランドであるダッジをモチーフにした楽曲。ロサンゼルスで撮影したPVでは、僕自らがダッジ・チャージャーSRTを運転しています。ちなみに、HEMIはクライスラー独自の高性能エンジンの形式。半球状という意味のhemisphericalを省略した言葉ですが、ヘミという響きには何か特別な言霊を感じますよね。もちろん、HEMIは300 SRT8にも積まれています。エンジンルームを開けて、HEMIというロゴを久しぶりに目にしたときは、興奮して胸がときめきました。

生まれて初めてクライスラーの車にしびれたのは、1968年に公開された映画『ブリット』を観たときのこと。主演のスティーヴ・マックイーンの敵役が、黒いダッジ・チャージャーに乗っていたんです。

というわけで、実は'14年のクリスマス、僕のガレージに念願の300 SRT8がやって来ました！

59

NISSAN GT-R

-2014-

54歳のとき、開発秘話に
「タイガー＆ドラゴン」が出てくる一台に感激した。

日産のスポーツカーの象徴、スカイラインGT-Rの系譜に連なる一台として、2007年に誕生。「フロントグリルのGT-Rのロゴが印象的。GTだけでも興奮するのに、そこにRも付いて、もうたまらない」と剣さん。GT-Rを駆りたいという富士スピードウェイを背景に。

高級時計ブランドの〈タグ・ホイヤー〉が日本の自動車産業やモータースポーツの発展に寄与した功労者を讃える『ジャパン・モーターレーシング・ホール・オブ・フェイム』というイベントがあります。

2014年に、僕はその「自動車文化人部門」の受賞者として、表彰されました。ありがたかったですが、とても文化人って柄じゃないんですけどね（笑）。

同じ年に「デザイナー／エンジニア部門」で賞を受けたのが、日産自動車でGT-Rの開発責任者を務めた水野和敏さんという方。授賞式の会場で水野さんとお話しする機会があったんですが、そこで、意外かつ光栄なエピソードを知りました。何でも、GT-Rを開発するとき、水野さんはクレイジーケンバンドの「タイガー&ドラゴン」の歌詞の一節を使って部下に活を入れていたという。つまり、♪俺の話を聞け～と叫んでたわけですね（笑）。ちょっと嬉しくなっちゃいました。

GT-Rは、2007年にデビューしたクーペ。かつて日産のスポーツカーの最高峰に君臨したスカイラインGT-Rの系譜を継ぐモデルです。スカイラインという名前こそ外されたけれど、リアに光る丸目4灯は、スカイラインGT-Rの遺伝子をちゃんと継承している。

'14年、J-WAVEのナビゲーターとしてお馴染みのピストン西沢さんがプロデュースする『みんなのモーターショー』のゲストに招かれた際、会場のお台場で、いろんな車に試乗するチャンスに恵まれました。

なかでも、印象に残ったのがGT-Rでした。初めてこの車のコックピットに収まってアクセルを踏み込んだ瞬間、その素晴らしさが体に伝わってきた。もちろん速いは速いんですが、スピードだけじゃなく、カチッとしっかりした安定感と、走りの鋭さを兼ね備えている。ものすごくいい車だなと思いました。気になってYouTubeを検索すると、フェラーリとかポルシェとか、世界の錚々たるスーパーカーとGT-Rが一騎打ちする動画がたくさん見つかった。たいがいの場合、GT-Rが勝っちゃうんですよ。2ドアクーペとはいえど、セダンっぽさを帯びた箱形に近いこの車がスーパーカーを打ち負かしちゃうわけだから、痛快なことこの上ない。

自分の脳内でGT-Rへの思いがグルグルグルグル回っていたその頃、クレイジーケンバンドのギタリストである小野瀬（雅生）さんが、インストゥルメンタルの新曲を書いてきた。うーん、いいなあと思って曲名を尋ねたら、何と「GTR」だという。自動車用語のGT-Rとギターの略称であるGTRをかけたそうなんですが、あまりのタイムリーさに驚いた。その「GTR」は、『もうすっかりあれなんだよね』というアルバムのラストを飾っています。ゆったりとした曲調に秘められた疾走感は、GT-Rそのもの。

ちなみに、小野瀬さんは車に関する知識量は並外れてるんですが、肝心の免許は持ってないんですよ（笑）。野球に関しても、自分ではやらないのに、毎年全プロ野球チームの選手の名前を暗記している（笑）。

GT-Rの性能を思う存分味わうなら、やっぱり公道じゃ満足できない。だから、スピード違反で捕まることがないように、サーキットを走ってみたい。富士スピードウェイなんか気持ちいいだろうなあ。

……あ、あそこを走るためのライセンス、もう何十年も切れたままだった。取り直さないと（笑）。

60
NISSAN SKYLINE C110
-1972-

12歳のとき、「ケンメリ」と呼ばれる一台に座り、
格別な優越感を抱いた。

4代目のスカイラインとなるC110型は1972年に誕生。テレビCMにちなんで「ケンメリ」の愛称で人気を博したC110型の中でも、剣さんの思い出に色濃く残るのは、こちらのイラストの「2000GT-X」。剣さんが"ケンメリ"で走ってみたいという中央道のバス停近辺にちなんで、深大寺を背景に。

つけっぱなしのテレビから、ちょっと気にかかるアニメっぽい女の子の歌声が聞こえてきたので目をやると、僕好みの被写体ばかりが映し出されていた。その映像は、パスピエというバンドの楽曲「スーパーカー」のPVでした。

まず目に飛び込んできたのが、「MINE BOWL」というネオンサイン。昭和のまんま時間が止まったようなこのボウリング場は、いすゞ自動車藤沢工場のすぐ近くにある。一時期、その工場から横浜の大黒埠頭まで、自らハンドルを握り一台ずつ車を運ぶ仕事をしていた僕にとって、とても懐かしい場所です。

その近くには、同じ嶺商事の経営しているガソリンスタンドがあって、これがまたいい。ペンズオイルという米国の会社のイメージカラーである赤と黄色の塗装がスタンド全体に施されていて、非常に派手。あの一帯は、ルート66、あるいは映画『アメリカン・グラフィティ』の舞台に迷い込んだ感覚を抱かせる、何だか不思議なエアポケットなんですよね。

そんなことを思い出しながらPVを見続けていると、この物語の主役の男女が乗っている車が、ケンメリのGTであるらしいことが伝わってきた。「スーパーカー」というタイトルの曲のPVに、ランボルギーニでもなく、フェラーリでもなく、ケンメリを引っ張り出してくるチョイスが嬉しいですね。

僕がパスピエを好んだという事実を意外に感じる人も多いだろうし、実際、本来あんまり聴かないタイプの音楽なんですが、中毒性があって、癖になる。

さて、ケンメリは、'72年に発売された4代目スカイライン、つまり型番でいうならC110型の愛称。この呼び方は、「ケンとメリーのスカイライン」という、一世を風靡したCMのキャッチコピーに由来します。そのCMソングが、バズという男性デュオが歌った「ケンとメリー〜愛と風のように」。スネアやギターの音色がゆったりとした雰囲気を醸し出すソフトロック風の楽曲が、抜群の走行性能を誇るホットな車のCMソングに使われている。そのセンスが憎い。

ケンメリにはいくつものバリエーションが存在しましたが、特にGTのシリーズが印象深いですね。

小6の頃、2番目の父親と、その大学生時代の友達から誘われてドライブ旅行に出かけたことがあります。そのとき、僕らが乗っていたのはカローラ、父親の友達が乗っていたのは4ドアのケンメリのGTかGT-Xのどちらかだった。しかも行き先は、その人の持っている河口湖だったか山中湖だったかの別荘。いろんな意味で差をつけられたなあと思いましたね（笑）。中央自動車道の追い越し車線を疾走するケンメリの丸いテールランプがうらやましくて、サービスエリアで休憩した際に、僕はカローラを降りてケンメリに乗せてもらったんです。そのとき、子供ながらに浸った格別な優越感は、今でも忘れることができません。

偶然ですが、僕の妻の父親も、若いときはケンメリに乗っていたそう。具体的な数字は言えないものの、「すごいスピード出したもんだよ」と自慢してました（笑）。

もしも今、同じケンメリのGTを運転することができるなら、思い出深い中央道を走ってみたいもの。場所は、深大寺バス停のあたり。車内で聴きたいBGMは、パスピエと言いたいところですが、やっぱり原点に戻って、バズの「ケンとメリー〜愛と風のように」かな。

61
TOYOTA C-HR
-2017-

56歳のまさに今、ピットブルのような顔をした
“究極のSUV”に一目ぼれした。

2016年に誕生。年の瀬の12月に発売開始となり、大きな話題を呼び、既に人気を得ている。「走っている姿がとにかく美しい。この車でレースに出るのも格好いい！」と剣さん。背景は、剣さんがC-HRに乗って訪れたいという、横浜のみなとみらい。

C-HRは、ホンダのヴェゼル、日産のジューク、マツダのCX-3などに対抗する形で、満を持して王者トヨタが市場に送り込んだコンパクトSUVです。究極の後出しジャンケンと言いたいほどカッコいい（笑）。僕がこの車について知ったのは、今年の1月。みなとみらいのクイーンズスクエアで行われたFMヨコハマの公開生放送に出演したときのことでした。

横浜トヨペットが提供するその番組の終了後、24分の1ぐらいのスケールのC-HRのミニカーをいただいたんですが、未来カーを思わせるバランスの整ったスタイリングに、一目でほれぼれしました。

まず、モーターショーに出展されたコンセプトカーが、ほとんどそのまま市販されてしまったという事実に驚いた。これって稀有なことなんですよ。出展車が商品化される際は、たいがいその理想がスポイルされて現実的な仕様に変わり、魅力は薄れてしまうから。

そして、トヨタのスポーツカーの遺伝子をしっかりと受け継いでいる点にも感心しました。1960年代に発売された2000GTやS800の頃から続く、マッスルカーの系譜ですね。犬で例えるならピットブル。キュッと締まった、筋肉質なニュアンスがある。

その後しばらく、ミニカーをしげしげと眺めていただけの僕に、C-HRの現物に出合う機会が訪れました。

今度は、甲府で行われたFM-FUJIの公開生放送。山梨県のオールトヨタがスポンサーについたこの番組の収録場所は、新車の展示会場だった。まあ、自分がどれだけ同じような番組のゲストに呼ばれてるのかという話でもあるんですけど（笑）。

いざ本物を見たら、さらにやられましたね。ここ数年、もはやリアルタイムの新車にグッとくることはないのかなと寂しく感じていましたが、その観念が崩された。素直に降参させられました。

自動車という乗り物は、生まれてこの方ずーっと四輪だし、空を飛ぶような著しい進化もとげてはいないわけだけど、この車には何か新しさがある。ちょっとした違いが大きな違いになる、という希望を感じた。開発の過程で、社内のおエライさんが口を挟んでくるような余計な意見を体よくあしらって、ブレることなく商品化にこぎ着けたと思うと、感服します。しかも、その結果、ちゃんと売れているわけだから。

この車の中で聴きたい音楽は、今ならSuchmosかな……と思ったけど、彼らはC‐HRとまるっきり競合するホンダ・ヴェゼルのCMソングを手掛けているわけだから、そうは問屋が卸さない（笑）。

ということで、オマーの『Love in Beats』を挙げておきましょう。オマーは、１９９０年に「ナッシング・ライク・ディス」をヒットさせたことで知られる英国のソウルシンガーですが、２０１７年に発表されたこの新しいアルバムを聴いてみたら、実にいいんですよ。大流行していた'90年代には正直ピンとこないアーティストだったんだけれど、今、ちょうどいい。ベテランなのに進化を止めていない姿勢に惹かれます。

同じ時代に一世を風靡したソウル系シンガーでいうと、マックスウェルも似合いそう。'16年の彼の新譜『ブラック〝サマーズ〟ナイト』が秀作だったから。

C‐HRは、通常のガソリン車とハイブリッド車、両方がラインナップされているところも面白い。いっそのこと、一歩進んで電気自動車まで造ってもらいたかったなあ。それなら買うかもしれない（笑）。

62

PRINCE SKYLINE SPORT

-1972-

12歳のとき、“幻の吊り目の車”を知り、
衝撃を受けた。

1962年に誕生。スカイラインそのものは、'57年に富士精密工業（後のプリンス自動車）の主力車種として登場。'66年にプリンスが日産と合併した後も、スカイラインという車名は引き継がれた。背景は、剣さんが「プリンス・スカイラインスポーツのハンドルを操って走りたい！」という比叡山ドライブウェイ。

プリンス・スカイラインスポーツは、通算60台しか作られていないという幻の車です。後に日産と合併することになるプリンス自動車がこの車の生産を行ったのは、1962年からのたった1年間。

その名前をきちんと認識したのは、僕が中学校に入ってから。それまで、自分はいっぱしのスカイライン通だと思っていたのに、10年以上もその存在に気づかなかったという事実がショックでした……。

ただ、名前こそ知らなかったけれど、このクーペの特異なルックス自体は印象に残っていました。水谷豊さんが狼に変身する少年を演じた『バンパイヤ』というドラマに出ていたのを観た記憶があるんです。ドラマといえば、『ウルトラマン』に先立って放送された円谷プロの特撮番組『ウルトラQ』では、主人公の愛車として、この車のコンバーチブルが起用されていたそう。そちらのタイプは輪をかけてレア。

スカイラインスポーツのデザインを手掛けたのは、イタリア人のジョヴァンニ・ミケロッティ。ボディのプロトタイプの製作も、同じくイタリアのアレマーノという会社が担当しています。

何より、この吊り目のインパクトがすごいですね。表情に念みたいなものを感じる。例えば自分が他の車を運転しているときに、ふとミラーにこの車の顔が映ったら、さぞかし怖いでしょうね(笑)。デヴィッド・リンチ監督の映画『マルホランド・ドライブ』みたいに、ロサンゼルスの薄暗い山道を走る絵を想像してみると、戦慄に拍車がかかる。

「スポーツ」という名前も気になるところ。そう銘打ちながら、ボディは四角い感じだし、コラムシフトの3速だし、あんまりスポーツ性は感じさせない。一体、どうしてまたこんな名前になったんだろう(笑)。

スカイラインスポーツでのドライブのＢＧＭには、'80年代に活躍した日本のニューウェーブバンド、ヒカシューの「白いハイウェイ」という曲を聴きたい。

彼らを初めて観たときに、新しいのに懐かしいみたいな印象を覚えたんです。表情を変えずに歌う巻上公一さんのボーカルには、スカイラインスポーツの顔つきと共通する感覚があります。

もしも、このボディを載せた電気自動車があったら絶対に欲しい。テスラがいい例ですけれど、電気自動車って、その先進技術とは対照的に、どこかクラシックでヴィンテージなルックスが似合う。ヒカシューと同様の、レトロフューチャーな魅力ですね。

こんな顔の電気自動車が音も立てずにシャーッと走っていたら、相当不気味でカッコいいですよ（笑）。

スカイラインスポーツの実物に会うことができたのは、つい最近のこと。日産のＰＲ誌『OWNERS' MAGAZINE』が、スカイライン誕生60周年記念特集のナビゲーターとして、僕を招いてくれたんです。その撮影は、座間にある日産車の博物館「日産ヘリテージコレクション」で行われました。

数ある名車の中から、最新型のスカイラインと並ぶ形で表紙に起用されたのは、光り輝くシャンパンゴールドのスカイラインスポーツ。座席はアイボリーの革張りで、その組み合わせも最高でした。

ずっと気になっていた車をいざ目の前にしたはいいものの、シートに座るのもダメ、触るのもダメ。完全におあずけを喰らいました。あまりにも貴重な一台なので、まあ、しょうがないんですが（笑）。

63
MITSUBISHI GALANT GTO-MR
-1970-

10歳のとき、アルファベットを配した
ネーミングの一台に言霊を感じた。

1970年に誕生。'69年秋の東京モーターショーにて、ギャランクーペGTX-1の名前で出展された。背景は、剣さんが「この車に乗って走ってみたい！」という、今はなき横浜ドリームランドに併設されていたホテルエンパイア。現在は横浜薬科大学の図書館棟に。

まだ小学校の低学年だった頃かな、「イイネ！」というあのフレーズを僕に授けてくれた母方の叔父さんが、三菱のコルトに乗っていたんですよ。この車が、どうにもこうにもカッコよくない（当時の感想）。何でまたわざわざこんなのに乗ってるんだろうと残念に感じていたら、１９６９年になって、突如、そのコルトのシリーズから革命的にカッコいい車が登場したんです。

その名はギャラン。翌年、さらにスポーティなＧＴＯが発売されたときは、今までコルトのことを馬鹿にし続けていて申し訳なかったと猛省しました。そして、そのＧＴＯの最上級モデルが、ＧＴＯ-ＭＲになります。

ＧＴＯは、〝Gran Turismo Omologato〟なるイタリア語の略称。グレート・ティーチャー・オニヅカとは全然関係ない（笑）。オモロガートは、何でも、競技用の車両として公認されたという意味らしいです。ＭＲは、Mitsubishi Racing。この後も、歴代の三菱のスポーツカーの最上位車種は、ＭＲという称号を継承していくことになります。

ギャランの中でもＧＴＯ-ＭＲだけに搭載されたのが、ツインカムエンジンのＤＯＨＣ。ＧＴＯ、ＭＲ、そしてＤＯＨＣ！　まるで呪文みたいなこのアルファベットの羅列が、言霊として僕を刺激してやまない。ただ、肝心のギャランという名前だけはねえ……。否応なく森田公一とトップギャランを連想させてしまう。ギャランと耳にした瞬間、彼らのヒット曲、「青春時代」が脳内に鳴り響いちゃう（笑）。学校の先生がピアノ弾きながら生真面目に歌ってるような印象が、ギャランという車のイメージを覆ってしまう。

でも、そんなマイナスをものともせず、ＧＴＯ-ＭＲは、非の打ちどころがないほどカッコいい。ムスタングのファストバックを思わせる、アメ車をコンパクトにしたようなスタイリングには惚れ惚れします。計器類は戦闘機みたいで、コックピットという言葉がぴったり。さすがは、ゼロ戦を造った三菱だとうなってしまう。飛行機じゃなく、自動車に対してコックピットという言葉が使われているのを知ったのは、この車が最初だったんじゃないかなと思います。

そういや、横浜銀蝿の中核メンバーである嵐さん・翔さんの兄弟が、ギャランGTOに乗っていると話していたんですよ。ギャランにはヤンキー的なイメージが希薄だったから、意外だったのを覚えています。

銀蝿のデビュー時、実をいうと僕はその実在を疑っていました。フィンランドのアキ・カウリスマキ監督が映画のキャラクターとして創作したレニングラード・カウボーイズみたいな架空の存在だと思っていた。

ところがある日、横浜バイパスを走っていたら、横浜銀蝿のメンバーが運転するギャランGTOを目撃。ウィンドーには「横浜銀蝿」のステッカーも貼られていたから間違いない。本当にいたんだと驚いた（笑）。

もしもGTO-MRのコックピットに座ることができるなら、中学生の頃に住んでいた巨大団地、横浜ドリームハイツのあたりを走ってみたいですね。

この団地と一体開発された今はなき遊園地、横浜ドリームランド入り口のアーチから始まる坂道、そしてそれを上り切った先のだだっ広い駐車場は、車好きたちの集会所になっていました。土曜の夜ともなれば、それはもう、ものすごい数の車が集まってくる。

BGMは、爆音でレッド・ツェッペリンの「コミュニケーション・ブレイクダウン」を流したいですね。

64

CHEVROLET CORVETTE STINGRAY

-1967-

7歳のとき、エラ呼吸を想像させる
“エイ”のような一台に度肝を抜かれた。

1963年誕生。「以前の『POPEYE』の連載『パンチ！ パンチ！パンチ！』の担当者がスティングレイのオーナーなのですが、もう本当に羨ましい！」と剣さん。「ここ最近のツアーは初日が福生市民会館でのライブなので、横田基地あたりを流して、この車で乗り付けてみたい」ということで、横田基地の入り口を背景に。

コルベットにインスパイアされた名曲といえば、プリンスの「リトル・レッド・コルベット」やユーミンの「Corvette 1954」などが挙げられますが、かく言う僕も、10代の頃に「コルベット・クルージング」という曲を作ったことがあるんです。

ライブも含め、今まで一度も披露したことがないのは、やっぱり、持ってもいない車の歌を歌うのがむなしいという負い目からかもしれない（笑）。いつか手に入れることができたなら、堂々と発表したいですね。

コルベットの中でも一番好きなのが、１９６３年に発表された2代目のC２です。初めて目にしたのは、'60年代の終わり、富士スピードウェイでのこと。ペースカーとして、ローリングスタートの際に出場車を先導する役割を担っていたその姿に、度肝を抜かれました。

C２の愛称である「スティングレイ」は、日本語でエイ。確かに、ボディの曲線はエイそのものだし、両サイドのエアスクープ、つまり吸気口はエラを想像させる。リトラクタブルライトをボンネットの中に引っ込めたのっぺらぼうな顔もその名にふさわしい。

エイといえば、忘れられない思い出が。6つか7つの頃、鎌倉の海に行ったら、浜辺にエイの死骸が上がってたんですよ。興味本位でうっかりしっぽの近くのトゲに触ったら、いきなり調子が悪くなった。お医者さんに毒を抜いてもらい、さらに点滴を受けました。

それで、エイは悪者という印象が植え付けられた（笑）。この車も、そのワルっぽさがたまらない。

僕がクールスRCのメンバーになった時期だから、20歳そこそこかな。米軍の横田基地の滑走路で開催されたゼロヨン大会をしばしば見に行ってたんですが、そこに、ホンダのN360やマツダのシャンテ改に交じって、スティングレイがよく出場していました。

このイベントのチケットを僕に融通してくれたのが、雨宮力さん。2年ほど前まで福生で営業していたテイラー『Kブラザーズ』の名物店員です。忌野清志郎さんをはじめ、錚々たるミュージシャンが、この店でステージ衣装を仕立てていました。

その評判を聞いて「コンポラのスーツ作りたいんですけど」なんて言いながら入ってきたせっかくのお客さんに対し、雨宮さんが「何言ってんだよ。うちラーメン屋だからよ。そんなのねえよ!」とか不用意な軽口を叩くから、そのまま帰っちゃう人も多い（笑）。

そのたび、雨宮さんのお姉さんの旦那である店主が、とっさに「すいません!」と謝りに出るんですけど。

雨宮さんがクレイジーケンバンドに与えた音楽的影響は計り知れません。というのも、雨宮さんは、ものすごい量のレコードを所有するコレクターなんですよ。ソウルからレゲエ、ヒップホップまで、雨宮さんから魅力を教わった音楽のジャンルはあまりに幅広い。

泉谷しげるさんや坂田明さんにも通ずる愛すべきキャラクター。かつて、某テレビ局がとあるドラマへの出演をオファーしたという伝説も残っています（笑）。

65

DATSUN FAIRLADY 2000

-1967-

7歳のとき、Zが付く前の
フェアレディの精悍かつ優しい顔にやられた。

1967年誕生。最初に"フェアレディ"の名を冠した車は'60年に誕生した1200(当初は"フェアレデー")。'69年に後継車種のフェアレディZが発表されたのに伴い生産終了となった。剣さんが「この車で走ったらきっと楽しい!」という群馬県の鬼押出し園を背景に。

ももいろクローバーZに『ドラゴンボールZ』、Zの付く固有名詞にもいろいろあるけれど、その先駆けといえるのがフェアレディZ。

そして、ももクロや『ドラゴンボール』同様、フェアレディにも、実はZが付かない前史がありました。日産の擁するブランド、ダットサンから1960年にデビューしたフェアレデー——当初の表記は「フェアレディ」じゃなくて「フェアレデー」でした——は、1200cc、1500cc、1600ccと排気量を増強し続け、'67年には、フェアレディ2000をラインナップに加えます。

その名のとおり、2000ccの排気量を誇るこの車の最高時速は205km。国産としては初めて、200kmの壁を超えた記念すべき車種となりました。子供の頃の僕らにとっては100kmというのがひとつの臨界点だったのに、フェアレディ2000はその倍以上も速いという。もう、大騒ぎになりました。

だって、新幹線並みですからね。当時の新幹線には軽食が取れるビュッフェ車両がありましたが、その壁に設置された速度計の針が200kmを超えるたび、「200キロ！」と興奮したのを覚えています。

さらに言えば、2000という数字にも魔力が宿っている。トヨタ2000GT、スカイライン2000GT……、2000と聞くだけで、とにかく心が躍ってしまう。

'67年と'68年の日本グランプリでは、GTクラスというカテゴリーにおいて、フェアレディ2000が2年連続で1位から3位までを独占しています。

そんなフェアレディ2000の実物を初めて目にしたのは、小学校の低学年の頃のこと。当時住んでいた日吉の通学路の途中に、このコンバーチブルが、幌も付けずに無造作に停めてありました。興味津々で運転席をのぞいてみたら、横に長い形のカーラジオが、縦に据え付けられている。数字なんかの表示も、首を曲げないと読み取れない。そのカッコいい無理やり感に、新鮮なショックを受けました。ラジオなんか二の次、音楽よりもエグゾーストノートを聴け！ という強気な潔さがある。

フロントの顔つきもまた素晴らしい。キリッと精悍でありながら、どこかかわいらしさを帯びている。最近はやたらと吊り目の車が多いから、この頃の車の優しい顔が懐かしいですね。

フェアレディ2000は、江の島や鎌倉あたりを走っているのをよく見かけました。七里ケ浜あたりの駐車場で、いかれたでっかいサングラスをかけて縞模様のTシャツ着た陽気な若者たちが、トゥルルルル！なんて奇声を発したり指笛吹いたりしながら、2人乗りの車に4人ぐらいで乗り込んでいた記憶がある。子供心に、ヤングっていいなあと思いましたね。……まあ、免許証の更新の際に見せられるビデオによれば、こういう浮かれた若者たちはその直後に事故を起こして、大変な目に遭うわけですが（笑）。

数年前、知人から借りてこの車を運転したことがあります。ほんとにしっかりした走りっぷりで、現代車と何ら遜色がない。旧車が走るイベントでもよく見かけますが、やっぱり現役感を醸し出しています。特に、コーナリングの美しさにはほれぼれしてしまう。

この車には、同時代のソフトロックが似合いそう。'60年代末に活躍したアメリカのバンド、フリー・デザインの代表曲「バブルス」を聴きながら、浅間山麓の鬼押出し園あたりを走らせてみたいですね。

66

MORRIS MINI COOPER S

-1969-

9歳のとき、セレブが愛する子犬のような、
てんとう虫のような小型車に惹かれた。

1962年誕生。'52年に設立されたブリティッシュ・モーター・コーポレーション（BMC）が開発した大衆車であるミニは、様々なメーカーを経て、現在はBMW名で発売されている。「特に好きなのは'64年発売のモーリス ミニクーパーS。でも買うとしたら断然、今のミニ！」と剣さん。ミニで走ってみたいという香港の夜景を背景に。

ジェームス・ハントというF1ドライバーをご存じでしょうか。'70年代、彼が好敵手のニキ・ラウダを相手に繰り広げた数々の名勝負は、『ラッシュ／プライドと友情』という題名で映画化もされています。

このハントが普段乗っていた車が、ミニクーパーでした。F1ドライバーというと、それ相応の高価でゴージャスな車に乗っている印象がある。下手したら、自分では運転すらしないぐらい。そんな大スターが、ミニクーパーみたいにリーズナブルな小型車を愛用していたという事実には驚かされました。

ノンフィクション作家の野地秩嘉さんが20年ほど前にポール・マッカートニーにインタビューを行ったとき、あのポールが、自らミニクーパーのハンドルを握って取材現場にやって来たといいます。セレブを惹きつけるよほどの魅力があるんでしょうね。

ミニクーパーは、BMCことブリティッシュ・モーター・コーポレーションが1962年に送り出した車です。このBMCとは、英国の自動車メーカーが合併を繰り返した結果、'52年に生まれた会社。ゆえにやたらと数多くのブランドを抱えていて、ミニクーパーも、モーリスやオースティン、ライレー、さらには後の提携先であるイタリアのイノチェンティに至るまで、様々なブランドの名を冠して生産されています。

子供の頃は、日本でもいろんなところで見かけたものです。ちっちゃいんだけど高性能。子犬っぽいんだけど悪そうな雰囲気もある。メーターが運転席と助手席の間にある面白いレイアウトにも惹かれました。

15歳ぐらいの頃、すでに別れて暮らしていた実の父に連れられて、F1などトップカテゴリーへの登竜門であるマカオグランプリを観に行ったことがあります。まあ、ギャンブル好きの父親がただカジノに通い詰めたかっただけで、レースはあくまでもそのついでだったと思うんですけど（笑）。

そのとき、メインのレースの前座として行われていたのが、ミニ参戦のレース。ちょうどコーナーのところで観ていたんですが、曲がるタイミングでいちいちリアの片輪が浮くから、そこで何台も何台も倒れちゃう。その様子がてんとう虫みたいでかわいいんですよ（笑）。もちろんドライバーにとっては深刻な事態なんでしょうけど、笑っちゃいけないのに笑えてきちゃう。

アメリカのレースでもミニの人気は高い。ラグナ・セカやウィロースプリングスといったサーキットにアマチュアのマニアたちが集うんですが、そのイギリスへのかぶれっぷりが相当本格的で面白い。現地の真似をしてナンバーをバンパーに直接塗装したり、ブリティッシュな服装でジョン・ブルになりきってみたりして。

アメリカ人には、社会的な階層が高くなるほどヨーロピアンなものに引き寄せられる傾向がありますね。横浜の本牧にあった米軍の住宅でも、士官クラスになると、アメ車じゃなくてジャガーに乗ったりするし。

本牧の近くの根岸には、『タートルトレーディング』というミニの専門店があります。ここのお客さんもまた、歯医者さんだったり獣医さんだったり、遊び心を持った裕福な人が多い。車屋さんって、メカには詳しくてもセンスが伴わないところが多いんだけど、この店は、スタイリッシュという言葉の何たるかをわかっているから、改造も安心して任せられるのでしょう。

この車が一番似合う場所は、香港。元イギリス領ですしね。ちょっとガチャガチャした街並みの中、路上駐車なんかしてみたら、絵になりそう。

67

PORSCHE 904

-1964-

4歳のときに目の当たりにした伝説の名車は、
脳内で欧陽菲菲と邂逅した。

1963年誕生。本格的レーシングモデルだが、完全な競技専用ではなく、日常的な扱いやすさも考慮されており、サーキットから公道ラリーまで幅広く活躍した。「スピード感のある一台ながら、テリアのような"奥目"なところも愛らしい」と剣さん。背景は、剣さんが「カレラ」で走ってみたいという鈴鹿サーキット。

ポルシェ904は、「カレラ」という別称でも知られる名車。この車は、レーシングドライバーである式場壮吉さんの記憶と切り離して語ることができません。

1964年に鈴鹿サーキットで開催された第2回日本グランプリのGT-IIというクラスでは、式場さんのポルシェ904と生沢徹さんのプリンス・スカイラインGTが名勝負を繰り広げました。最終的には、大方の予想どおりポルシェが勝利を収めたわけですが、その途中にたった一度だけ、国産のスカイラインが世界のポルシェを抜いた瞬間の興奮は今も語り草となっています。このレース、僕も現場で観戦してるんですよ。とはいえ、当時は4歳。父親に連れていかれただけだったから、おぼろげにしか覚えてないんですけど。

実を言うと、クレイジーケンバンドが2000年にリリースしたライブ盤『青山246深夜族の夜』のジャケット画は、この第2回日本GPがモチーフ。

つまり、青山を謳いながら、舞台は東京ですらなくて三重（笑）。けれど、自分の中での整合性はきちんと証明できる。当時は、青山周辺のあちこちに、レーサーたちが出没するスポットが存在したんです。

虎ノ門にあるホテルオークラのダイニングカフェ『カメリア』、飯倉のイタリアンレストラン『キャンティ』、あと、かつての赤坂東急ホテルの1階にあったコーヒーショップ。そして、都心からは遠ざかるけど、田園調布近くのドライブイン『ヴァンファン』にも、レーサーが集まってたなあ……。その手の場所には、僕みたいなレース好きの少年らが詰めかけていました。

ところで、現在、僕が名誉館長を務めている横浜マリンタワーには、「裸の大将」こと山下清画伯が描いた巨大なモザイクの壁画があります。この絵を目にするたび、僕はポルシェ904のことを思い出す。なぜなら、式場壮吉さんは、山下清の芸術的才能を発掘して世に広め、パトロンとして生活の面倒を見た精神科医の式場隆三郎博士の甥に当たるから。

レーサー以前にジャズミュージシャンとしても名を馳せていた式場さんは、競技から引退したしばらく後に、欧陽菲菲さんと結婚します。彼女は、台湾の国民的歌手であり、日本でも「雨の御堂筋」「ラヴ・イズ・オーヴァー」といった大ヒット曲を放っている。ひょっとすると、僕がグループ魂に提供した「欧陽菲菲」というタイトルの楽曲を通して、このスターの存在を知った若い世代も少なくないかも（笑）。

マリンタワーの壁画の前に立つと、ポルシェ904のエグゾーストノート、それから欧陽菲菲さんの歌声が、数珠つなぎのように脳内で鳴り響くんですよ（笑）。

とにかく、光り輝くセレブリティとしての式場さんの存在感を前にしては、もはや溜め息しか出ません。そんな人が乗っていたというその事実だけで、904のバリューが上がるとすら信じてしまうぐらい。

幼い日に式場さんの快走を目撃した鈴鹿サーキットですが、'17年の秋、僕は、夢にも思わなかった形でこの地を訪れることになりました。F1日本グランプリの決勝レースに先立って行われるセレモニーで、国歌を独唱するという大役を任されたんです。いやあ、だいぶ緊張しましたが、何とか無事に務め上げることができました。いつの日か、歌手ではなくレーサーという立場で鈴鹿サーキットを訪れ、ポルシェ904を思う存分走らせてみたいものです（笑）。

68

BMW M2 COUPE

-2016-

56歳のとき、小回りの利く
ネズミのような一台に心が揺らいだ。

2016年誕生。“BMW M”は研究開発を担当するBMWの関連会社。前身はBMWモータースポーツ。「最近のBMWの車って、ドアを閉めたときの音がちょうどいい」と剣さん。背景は、剣さんがBMW M2がよく似合うという横浜スタジアム。

僕は今、クライスラーの３００ ＳＲＴ８という車に乗っています。とにかく馬鹿でかい車で、その豪快な乗り味は気に入ってるんですが、ないものねだりで、最近はやっぱりちっちゃい車っていいなあと思い始めた。フィアット５００をチューンナップしたアバルト５９５とか、ＢＭＷ傘下に入って以降のミニクーパーＳとか、気になる車はいくつかありました。ネズミみたいにちょこまか走りたい欲望が芽生えていたんです。

そんなある日、首都高狩場線のトンネルを横浜に向かって走っていたら、シャーッと音を立てて、一台の車が僕を追い抜いていった。それが、ＢＭＷのＭ２。Ｍ２は、２０１６年にデビューした新しいモデル。ＢＭＷ Ｍという会社が開発を手掛けています。ＢＭＷのラインナップの中でも、特にスポーツ仕様のハイパフォーマンスカーを生み出す、ベンツにおけるＡＭＧのような位置付けの子会社ですね。

前から顔を見た限りでは、いわゆるキドニーグリルを備えた普通のＢＭＷに思えるんですけど、リアがとても特徴的なんです。フェンダーがオーバー気味に盛り上がっていて、より肉感的かつ精悍な印象を与える。そして、このちっちゃいボディに３０００ccのエンジンを積んでいるという点も、意外性があって面白い。

それまでの自分は、４ドアのおっさんくさいセダンにばかり興味が向いていました。なのに、小ぶりな２ドアクーペみたいなのが全然ＯＫになったわけだから、人の好みというのは簡単に変わるものですね。

相当コーナリングに優れてるんだろうなあ、危なげなく走れるんだろうなあ、と想像ばかりを繰り広げています。まだ、一度も乗ったことがないんですよ。試乗してみたいなと思い立ち、みなとみらいのＢＭＷのディーラーに足を運んだこともあるんですが、そのときは、そもそもお店にこの車が置いてなかった。また別の日に、今度はお台場のＢＭＷに行ってみたら、今度はお店が閉まっていた（笑）。

何だろう、ＢＭＷとは縁が薄いのかなぁ。40年近く前、クールスの先輩である村山一海さんが乗っていた２００２ｔｉｉを譲ってもらったときも、納車する直前に免許取り消しを食らって、すぐ人手に渡しちゃったし。

実はつい最近また、２００２ｔｉｉを買いました。普段乗りのクライスラーとは別に、レース用としてね。そしてこの車を引っ提げ、'17年の10月に筑波サーキットで行われたクラシックカーレースに出場したんです。ところが、メンテナンス上の利便性を考えて、インジェクションをキャブレターに変更したことで、ノーマル車を対象とするＰクラスにはエントリーできず、難易度がひとつ上のＳクラスに組み入れられた。

さらに、予選は辛くも突破したものの、決勝のスタート直前に原因不明のエンジントラブルに見舞われ、0周でリタイアするという悲しい結果に……（笑）。

いい女と一緒で、ＢＭＷにはいろいろと振り回されてきた。だからこそ一層、それでも乗るんだ！　という恋心に焦がれるのかもしれませんね。

今やＢＭＷは、国民車と言ってもいいぐらいよく見かけます。横浜のクイーンズスクエアやマークイズの駐車場はもはやＢＭＷだらけですからね。

だからこそ、あんまり目立ちたくない僕にとって、Ｍ２は理想的な車。周囲に埋もれてみせながらも、キラリと光る個性を放つ。車好きはみんな、この車の話題となると興奮気味にしゃべり始めるんですよね。

69

LOTUS EUROPA

-1973-

13歳のとき、後に名作レース漫画で人気を博す
独特すぎる一台を意識した。

1966年誕生。庶民にも手の届くスポーツカーを目指して開発された。背景は大黒埠頭と横浜ベイブリッジ。「一度だけ本牧埠頭での陸送のバイトで乗ったことがあるから、2つの埠頭を繋ぐベイブリッジをこの車で走ってみたい」と剣さん。

ロータス・ヨーロッパといえば、まず思い出されるのが、'70年代後半にスーパーカーブームを牽引した大ヒット漫画『サーキットの狼』。池沢さとし（現・池沢早人師）さんが描いたその作品の主人公・風吹裕矢の愛車が、この車だったんです。

ちなみに、風吹裕矢というネーミングには、実在したレーサー、風戸裕に対するオマージュが込められていると聞きます。風戸さんは、'60年代末から活躍したトップドライバー。日本人として初めてＦ１に挑むことも確実視されていたんですが、１９７４年、富士スピードウェイでのレース中の事故によって25歳の若さで亡くなってしまった。本当に残念な出来事でした。

しかし、ロータス・ヨーロッパは、本当に面白い形をしてますよね。特に、リアの部分は、ややもするとステーションワゴンみたい。イギリスでは、揶揄交じりに「パン屋のバン」と呼ばれてたそうです。

そして、ものすごく車高が低いから、真横に並んだときでも、全然気づかないんですよ。ミラーにすら映らない。死角をすり抜けて追い越していくから怖い。

あれは25歳ぐらいだったかな、僕は、横浜の本牧埠頭に着いた中古車を指定の場所まで陸送するというアルバイトをしていた時期があるんです。ある日、この車が輸入されたので、自分がモータープールまで運転することになったんですが、これが大変で……。

まず、乗り降りからして難しい。何しろぺったんこだから、ほとんど寝そべるような形で体をねじ込まなきゃならない。まるでレーシングカーみたいな感じ。

さらには、足元のアクセルとブレーキとクラッチのペダル、それぞれの間隔がものすごく狭いから、うっかりしてると隣のペダルまで一緒に踏み込んじゃう。レーシングシューズだったら幅がナローだから大丈夫なんだろうけど、普通のスニーカーなんかを履いてる分には、危なくってしょうがない（笑）。

でも、今言った要素を除いたなら、調子よく楽しく運転できる車なんですよ。そこがもったいない。

創業者であるコーリン・チャップマンが指揮していた時代のロータスは、F1でも快進撃を続けていました。特に、'70年代半ば、黒いボディにJPSことジョン・プレイヤー・スペシャルの金色のロゴが入ったマシンは印象的だった。その人気を受けて、JPS仕様のデザインを施したヨーロッパも市販されました。

それを真似して、自分の自転車を黒く塗り、金のラインを入れたりするほど憧れたものです。

……と言いながら、当時中学生だった僕は、JPSの3文字が何を意味するのかはまったく理解していなかった。あれ、スポンサーである英国のタバコメーカーの名前なんですね。だいぶ後になって知りました。

ロータス・ヨーロッパに乗るとき、車内で聴きたいBGMというと、うーん、サンタナですかね。

英国車とラテンロックは、むしろイメージとして正反対のように思われるかもしれません。しかし、サンタナには、「哀愁のヨーロッパ」というヒット曲があり、また、来日公演を収めた『ロータスの伝説』というライブ盤も発表している。だから、共鳴しちゃう（笑）。サンタナのレコードは、先輩の家に行くと無理矢理聴かされましたね。最初はその異物感に抵抗を覚えるんだけど、聴いているうちに好きになる。

ロータス・ヨーロッパも、サンタナ同様、掘らなきゃわからない魅力に溢れた車なんですよね。

70
ABARTH 595 COMPETIZIONE
-2017-

57歳のとき、インスタ映えする
ファニーでホットな一台に萌えた。

2017年誕生。'07年にフィアット500をベースにチューンナップされた通常モデルはアバルト500と呼ばれていたが、'17年のマイナーチェンジの際に全モデルが595で統一された。剣さんが「この車で走ってみたい！」という首都高から見える東京タワーを背景に。

アバルトは、第2次大戦後、主にフィアットのチューニングを行う会社としてイタリアのトリノで創業されました。つまり、ベンツにとってのAMG、BMWにとってのMみたいな存在ですね。

その後、フィアットに買収され、現在では、同社の中の一ブランドという位置付けがなされています。

そのフィアットで大ロングセラーを記録し続けるコンパクトカーが、フィアット500。500をイタリア語読みしたチンクエチェントの名で親しまれています。日本では、ルパン三世の愛車として有名。また、アニメ映画『カーズ』シリーズでは、ルイジというキャラクターに扮しています。ちなみに日本語吹き替え版でルイジ役を務めているのは、僕の友人でもあるイタリア人のパンツェッタ・ジローラモさん（笑）。

アバルト595は、このフィアット500をベースとして、21世紀に生まれた車。コンペティツィオーネは、その中でも特にハイパフォーマンスなモデルです。

英訳すればコンペティション。つまり競技を意味するその名前のとおり、めちゃくちゃ速い。昨年、筑波サーキットで行われた走行会でこの車に乗せてもらったんですが、どこも改造してないノーマルな状態なのに、僕のレーシングカーより速いタイムが出る。

アバルトはまず、サソリのエンブレムにグッときちゃいますね。そして595は、このかわいいサイズを生かしてネズミみたいな走りができるところが素晴らしい。コーナリング能力や瞬発力に長けているから、ちびっこギャングとでも呼んでみたくなる。ブレーキもまた、よく利くんですよ。

そういや昔は、日本の軽自動車にも、ちっちゃいくせにやたらと強気な車がいっぱいあったものです。三菱のミニカスキッパー、スズキのフロンテクーペ、ダイハツのフェローマックス……。’60年代後半に人気を博した森田拳次作の漫画『ロボタン』には、ボッチという憎まれ役が登場していました。すっごくつっぱってて生意気なのに、いつもおしゃぶりをくわえている（笑）。そのかわいらしいキャラクターが、何だか595の印象と重なるんですよね。

そうそう。僕が飼っているチャドという名のチワワは、体重が1・5kgぐらいしかないというのに、セントバーナードにも平気で立ち向かっていく。考えてみると、この愛犬もまた、595にそっくりだな。キュートかつファニーなのにホット、そのギャップに萌えてしまう。かなりインスタ映えするんじゃないですかね！　……まあ、僕自身はインスタやんないんで、勝手な印象で言ってるだけなんですが（笑）。

コンペティツィオーネという響きにも魅了されます。意味はどうあれ、言霊を感じる。車とは関係ないけれど、例えばバーニャカウダとか、イタリア語には、突然叫びたくなる衝動に駆り立てる言葉が多い。コンペティツィオーネ！　バーニャカウダ！（笑）。

もしも、小回りが利くこの車の運転席に座る機会が訪れるとしたら、首都高を走ってみたいですね。同じ高速でも、やっぱり東名とかじゃなく、首都高。東京タワーが見えるあたりなんか、最高だろうなあ。

BGMは、ブーツィー・コリンズが久々に発表したニューアルバム『ワールド・ワイド・ファンク』が似合いそう。なかでも、ミュージック・ソウルチャイルドとビッグ・ダディ・ケインをゲストに迎えた「ホット・ソーサー」はぴったりだと思います。

71

CITROËN SM

-1978-

18歳のとき、宇宙へ飛び出しそうな
幻の一台を心に焼き付けた。

1970年誕生。販売は5年あまりという幻の車ながら、その近未来的ルックスからファンも多い。「最終回の一台に頭を悩ませていたら、この素晴らしき車を取り上げていなかったことに気付いて。SMを紹介しなかったら悔いが残るところでした。シティボーイのみなさん、6年間、ありがとうございました！」と剣さん。背景は、剣さんがこの車で走ってみたいという国立代々木競技場周辺。

SMといっても、もちろんサドともマゾとも関係ない。このアルファベット2文字は、「Sport Maserati」の略称。フランスのシトロエンが、イタリアのマセラティと提携をしたことで生まれた車なんです。

初めて目にしたのは、18歳の頃。僕には、日系米兵を父に持つタマシロ君という友達がいたんですが、横浜の本牧にあった米軍住宅から本国へと帰った彼に会うため、ロサンゼルスを訪れました。

そのとき、タマシロ君が連れていってくれたのが、サンタモニカの近くにある、ものすごいカーコレクターの家。そのガレージに、シトロエンSMが停められていたんです。ただ、ちょうどお腹だか頭だかが痛かったので、ちゃんと記憶にない。まさに幻（笑）。

でも、こんなに特徴的な車を見間違えることはないので、シトロエンSMだったことは確かです。

まず、片目3灯ずつの6灯という顔からしてインパクト十分。そのヘッドライトもナンバープレートも、ガラスのスクリーンの内側に収納されているのが未来的でした。後輪が隠れているのも面白い。ボディの裾が、まるでプレーンなスカートのように、タイヤの前を真一文字に横切っているんです。このまま、火を噴いて宇宙を飛んでほしいようなルックス（笑）。

フランスのカッコいいところとイタリアのカッコいいところの融合。それがたまんない。ニノ・フェレールという伊仏ハーフのシンガー・ソングライターの魅力にも近いものを感じます。あと、イタリア人の両親を持つフランス人F1ドライバー、ジャン・アレジのことも連想させられますね。

そして、実はものすごく速い。前輪駆動で時速２００㎞を超える車は、当時としては革命的だった。でも、見た目は、そんなに運動神経がよさそうには思えない。実際、小回りが利くかというとその点には問題があるらしく、そこもまた好きなんですよ。デザインを優先して機能を犠牲にする、痩せ我慢の美学（笑）。

この車、日本に正規輸入されたのは134台というだけあって、非常にレアで入手は困難。実際、国内で見かけたことは一度もありません。

SMに限らず、古いシトロエンを買おうとすると、いつも周囲に反対される。構造が独特で故障が多いらしいんです。SMはその傾向が顕著で、ボンネットを開けた整備士が途方に暮れることもあるそう。

昔、本牧にあった「リンディ」というディスコでは、シトロエンの黄色いクラシックカーをDJブースとして使っていました。もしもあの店が復活することがあったら、SMを置いてほしいもの。

いっそのこと、動かなくてもいい。このデザインだけで十分です。むしろ、中身はまるっきり別のレプリカのほうが、使い勝手がいいかもしれない（笑）。

この車を運転できるなら、原宿駅前のヴィンテージマンション「コープオリンピア」の前、代々木競技場が見えるあたりを走ってみたいですね。

初出：『ＰＯＰＥＹＥ』（マガジンハウス刊）
2012年6月号〜2018年5月号（全71回）
※文中の時制や年齢、価格などは連載時のものです

あとがき

車についての思い出をあれこれ掘り起こしていると、ふと、使っていなかった脳の扉がパカッと開くことがあるんですよ。そして、記憶の奥底に眠っていたエピソードやらトラウマやらが、やおら蠢き出す。すっかり忘れていた車種のディテールまで、ついでにすらすら蘇ってきたりして（笑）。

しかし、このコラムを通して読み直してみると、毎月のように「今一番欲しい車」が変わっている。この人、もはや人格が破綻してますね（笑）。

自分の中で頻繁にモードが変わるんです。ある時期は大きなアメ車に気持ちが向いていたかと思えば、しばらく経つと、今度はちっちゃなヨーロッパ車にどうしようもなく惹かれてしまう。

ファンのみなさんの中にも、この連載を愛読してくださっていた方が多くて、僕が好きだと語っていた車があしらわれたキーホルダーをプレゼントしてくれたり、さらには、「剣さんが欲しがってたあの車、買いましたよ！」なんてうれしそうに報告してくれたりとか。

でも、実はその頃、当の本人はといえばもうとっくに別の車に興味が移っているんです。それが申し訳なくって（笑）。この機会に謝らせてください。

連載を続けていた6年間に、僕が普段乗りとして使う車は、都合4台入れ替わりました。「これが人生最後のガソリン車になるだろう」なんて書きながら、その後、しれっと新しいガソリン車に買い換えている。さらに、趣味として買った車を加えるともう取っ替え引っ替え。数えきれない。

愛車との巡り合いは、とにかくご縁としか言いようがありません。よりによって納車したその翌日に、もっといい出物があったりしてね。

ここではアメ車ならぬダメ車について語ることができたのもうれしかった。リアルタイムでは市場に受け入れられなかったマイナーな車も、今になって見てみると愛おしい。独特の色気があるんです。

本国ではあまり脚光を浴びないそんなダメ車を、アメリカ人やイギリス人のコレクターが大切に所有していたりするケースがある。日本人ですら知らないB級グループサウンズのレコードに、海外のマニアが夢中になるのと同じ理屈ですね。

本音を言うと、トラックやバスみたいな大型の商用車も取り上げたかったんですよ。まあ、さすがにそこは自制しましたけど。だって、2トン車やら11トン車やらの魅力についてうっかり熱弁を振るったとしても、誰も耳を傾けてくれはしないでしょうから（笑）。

車をめぐるカルチャーの向こうには、かまやつひろしさんという大きな存在がグッと控えています。ロックやジャズのみならず、時にはフォークにも接近したりと、かまやつさんは奏でる音楽の振れ幅がものすごく大きい人なんだけど、何をやってもどこか粋。港区の匂いがする。

かまやつさんは、飯倉にあるイタリアンレストラン「キャンティ」を舞台に、華やかな交遊を繰り広げていました。ミュージシャンはもちろん、俳優・女優、文化人、そしてレーサー。

彼の親友だったレーシングドライバー、福澤幸雄さんが事故で亡くなった後に追悼の思いを込めて発表した「ソー・ロング・サチオ」という楽曲は忘れられません。

かっこいい車を駆るお洒落な人々が集うレストランやホテル、そのファッション、そして流れる音楽……。僕はその様子を妄想し、いつも脳内で精巧なジオラマを構築したものです。

僕が恋焦がれたそのコミュニティから、さらに質の良い経絡がするすると延びていく。キャンティに足繁く通っていた天才少女ユーミンは、外車ディーラーのヤナセを主要株主とするアルファレコードからデビューを果たし、やがて同じレーベルから登場したYMOが世界的成功を収める……。

クレイジーケンバンドがよく歌うキーワードのひとつが「昭和にワープだ」。

ただ、その場合、あくまでも立ち位置は昭和じゃなくて今なんです。「昔はよかった」という後ろ向きな気持ちでノスタルジーに耽溺するわけではない。タイムスリップした先で拾い上げてきたサザエの貝殻を耳に当て、現代にいながらにして昭和の潮騒に心を躍らせる。

だから、いわゆる旧車のハンドルを握って疾走していたとしても、車窓を流れゆく風景は、あくまでも21世紀のもの。このコラムでは、その視点を大切にしたつもりです。

車という趣味を通じ、僕はさまざまな出会いに恵まれました。クラシックカーのレーシングは、その最たるもの。

そういう場では、58歳の僕もまだまだひよっこです。先輩方の話がまた面白いんですよね。車好きは概して女好きだから、車の話をしていたのが、いつの間にか女性の話にすり変わっている（笑）。フェティシズムという部分で、共通する要素が多いということなんでしょう。

車関連のさまざまなイベントにゲストとして招かれることも多く、その会場では、小さな頃から憧れていた伝説的なプロのレーサーのみなさんにお目にかかることが叶いました。北野元さん、生沢徹さん、桑島正美さん、見崎清志さんといった錚々たる方々とトークを繰り広げることができるなんて、そのたびに、子どもの時の自分に見せてあげたい気分になったものです。

そう遠くない将来、ガソリン車から電気自動車へと主流が移ったとしても、車への興味が薄れることはないはず。むしろ巨大なエンジンが不要になる分、設計の自由度は上がるはずだから、遊びの効いた、面白いデザインの車が増えていくんじゃないかと期待しています。現時点でも、機能とは裏腹にクラシカルなデザインをまとった電気自動車は多いですからね。

これからもまだまだ、僕の車道楽は終わらないでしょうね。

最後に、この『ＰＯＰＥＹＥ』での連載を書籍にしてくれた方々に感謝を。連載の担当編集だった山口淳さん、構成を担当した下井草秀さん、素敵なイラストを描いてくれたあべあつしさん、6年もの長い間、ありがとうございました。そしてドゥ・ザ・モンキーの辛島いづみさん、立東舎の山口一光さんには、書籍化に当たりお世話になりました。ありがとうございます。

横山 剣

僕の好きな車

2018年11月16日　第1版1刷発行
2019年7月16日　第1版4刷発行

著者	横山 剣
イラストレーション	あべあつし
構成	下井草 秀
発行人	古森 優
デザイン	木村由紀（MdN Design）
DTP	石原崇子
担当編集	山口一光
協力	株式会社マガジンハウス
発行	立東舎
発売	株式会社リットーミュージック 〒101-0051 東京都千代田区神田神保町一丁目105番地
印刷・製本	株式会社ルナテック

【乱丁・落丁などのお問い合わせ】
TEL：03-6837-5017 ／ FAX：03-6837-5023
service@rittor-music.co.jp
受付時間／10:00-12:00、13:00-17:30（土日、祝祭日、年末年始の休業日を除く）

【書店・取次様ご注文窓口】
リットーミュージック受注センター
TEL：048-424-2293／FAX：048-424-2299

Printed in Japan　ISBN978-4-8456-3318-0
定価はカバーに表示しております。